陌上花开◎著

辣妈育儿经

宝贝是这样长成滴（0~2岁）

九州出版社
JIUZHOUPRESS

图书在版编目（CIP）数据

宝贝是这样长成滴 / 陌上花开著 .—北京：九州出版社，2009.1

ISBN 978-7-80195-947-8

I. 宝…　II . 陌…　III . 婴幼儿—哺育　IV . TS976. 31

中国版本图书馆 CIP 数据核字（2008）第 212908 号

宝贝是这样长成滴：辣妈育儿经

作　　者	陌上花开
出版发行	九州出版社
出 版 人	徐尚定
地　　址	北京市西城区阜外大街甲 35 号（100037）
发行电话	(010)68992190/2/3/5/6
网　　址	www. jiuzhoupress. com
电子信箱	jiuzhou@jiuzhoupress. com
印　　刷	北京捷迅佳彩印刷有限公司
开　　本	889×1194 毫米　20 开
印　　张	7.9
字　　数	75 千字
版　　次	2009 年 1 月第 1 版
印　　次	2009 年 1 月第 1 版　第 1 次印刷
书　　号	ISBN 978-7-80195-947-8/TS・1
定　　价	29.80 元

因为有你，所以满心欢喜

●明星夫妇黄磊孙莉携手推荐

当了爸爸的人一定要看这本书，
会让你更加爱你的妻子；
准备当爸爸的也要看，
会让你更加期待之后的生活；
不准备当爸爸的也可以看一下，
也许会改变你最初的想法，毅然加入我们的行列。
总之来吧！
让我们一起为我们一生中最爱和最怕的人加油喝彩！

黄磊
2008年12月20日

辣妈写给辣妈的序

花花将书的样稿谨慎害羞又有几分得意洋洋地交给我们，拜托我们写个序，经过回家后的阅读讨论之后达成共识，我来写个短序，LG写个长一些的推荐语。我比花花晚十四个月当妈妈，朋友们也同样给我一个“辣妈”的尊称，所以这算是辣妈写给辣妈的序吧。

好羡慕花花有如此的耐性和文笔，其实看书的时候总觉得其中的每一天我都同样经历过，只是我太懒，又不太会写，不知不觉女儿也快三岁了，却没用太多的方式记录下来，生怕有一天她长大之后会怪我。还好有这样一本记录私事也能通用的书，实在记不清时就让女儿去看看这本书，并且泰然自若地说：“这是妈妈的一个朋友写的，是妈妈委托她来记录所有妈妈记忆的一本书，不信你看，序就是妈妈写的。”

所有的妈妈都是同样地深爱着自己的孩子，并且会一直爱下去。

相信更多的读者看过之后都会与我有着同样的感受。这是一本让你一窥妈妈内心的书，尤其是我们这些年轻的妈妈，无论我们是否准备好，或者以为准备好了可事到临头又发觉准备得不够好，再或者以为没准备好可到那一刻你就开始时刻准备着的妈妈们都感同身受的一本书，因为这书里写来写去都只是写了一句话“我爱你，我的宝贝”。这句话不是我总结出来的，是花花自己坦白的，她如此直接地击中我们每一个初为人母的女性内心。是的，我们从小孩子那里得到太多的快乐，感动，还有爱。因为他们的到来我们学会了珍爱生命，因为他们的长大我们懂得了感恩生活，也许有一天还会因为他们的转身离去令我们体悟人生，但无论怎样都是令我们幸福的……

希望所有的宝贝长大后都会记得所有的妈妈曾经无数次说过的那句话“宝贝，我爱你”。

愿花花，瑞瑞，瑞爸永远开心快乐，以祝福为序。

孙莉

2008圣诞节

Foreword

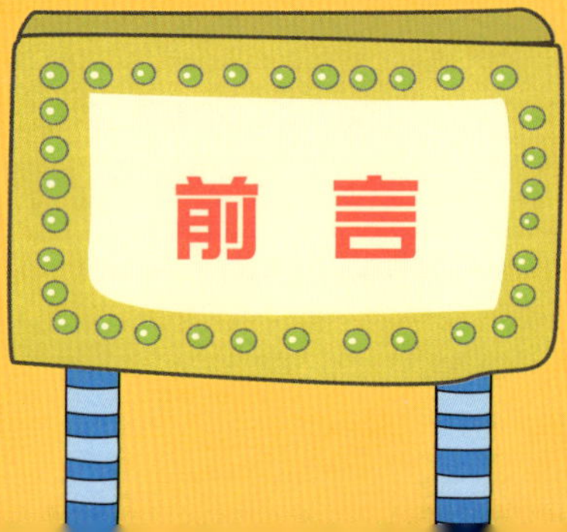

我是谁 Who am I

进产房之前，我就是我。

而这一天之后，我的人生可以加上伟大二字，因为人们都说，母亲是伟大的，于是，我就伟大了起来。

分娩的那一刻，前所未有的疼痛像潮水一样将我撕裂与淹没。我听到医生在我耳边说，你要用力。我发誓，这一辈子我都没有这么用力过。然后我的宝贝降临了，当他滑出我身体的那一刹那，我全身的每一根纤维都放松了。

我的第一个念头就是，好了，可以了，如果现在就要结束生命，我也无所谓了。然后我听到了他的哭声，那么响亮。医生把他放在我的臂弯里，我悄悄地摸了他一下，那么小那么娇嫩。我心头一阵惶恐：我能做好他的妈妈吗？不，无论如何，无论发生什么事，我都要为他活下去。

这一天之前，我拥有过很多名字，写过很多奇怪的文字，我只属于我自己；而这一天之后，我心甘情愿，为你存在，为你欢乐……

所以，我是谁？我是一个爱写字的女人，一个媒体工作者，一个八卦传播者，而我最重要的身份瑞瑞的妈妈，一个每天都为自己的孩子感到喜悦幸福的平凡女人。

CONTENTS

目录

第1章 开始的开始

12月27日，夜里，大雪纷飞。现在回忆起来，那场雪下得莫名的突然。

关于那一天的回忆，漫长而美好，虽然，真的很痛。其实从开始怀孕，就已经作好了自然生产的准备。尽管在传说里，那会很疼，但我总觉得，不经历这么一次，作为一个女人，会是多么可惜。

当然也不可能在那天写东西，那天的日记是由妹妹代笔，再后来我慢慢整理的。因为我不希望自己忘记掉那一天。我生而为女人，最甜蜜、最疼痛、最危险又是最幸福的那一天。

亲爱的宝宝，你看，你就是这么来的。

这一天，很长。

但相比于宝宝的漫长人生，它是如此短暂的一瞬。

这是开始的开始。

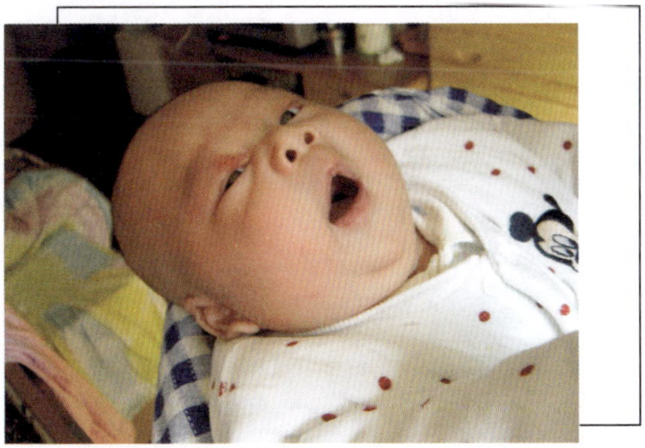

第2章 他刚来的100天

（1～100天）

中国人讲究“百日”，是不是因为三个月大的小孩子，基本上已经成个人形了？刚出生的宝宝，软软香香的，老让人觉得抱都抱不住，过了三个月，长得硬朗起来了，竖着抱在手里，他的头可以稳稳当当地立着，还好奇地四下张望，看起来实在是很像样了。据说这个阶段小孩子的肠胃功能也慢慢发达了，按老人的说法，过了一百天，宝宝就可以开荤了……

而宝宝来这世上的头一百天，每一分、每一秒，都会带给人那么多那么多的惊喜和意外……

第3章 那小子真帅

（4个月到1周岁）

原来，每一种新奇味道，都会让那张小脸露出不一样的表情。

原来，婴儿的第一颗牙齿是这么珍贵而可爱的存在。

原来，真的有这么一个人，他生病的时候，痛的是你的心。“请让我代替他生病吧”这样的想法，原来会这么自然而然地出现在你的脑海里。

原来，被他依赖，被他呼唤，被他注视，竟然都是这么巨大的幸福。

原来，这就是血脉相连的感觉。

原来，这一年就这么过去了，如此漫长，又如此短暂。

第4章 天使牌恶魔

（1周岁到2周岁）

他会走路了。

他会说话了。

他懂你的眼神，明白你的语言，了解你的心情。

忽然之间，他可以和你交流了。

他说出的每一句话都让你惊喜。他的每一个思想都会让你觉得意外。

他是电。他是光。

他微笑的时候是天使。哭闹的时候，是像天使一般的小恶魔。

但是多么幸运啊，他还是你的。

妈咪的私房话

因为这个宝宝，我写了这些文字。

也许，每个妈妈都有过这样的想法。

我经常想，这些文字，如果等宝宝以后长大了再看，他会想到些什么呢？

他也许会想，哦，原来，我，就是这么长大的……

把你想要写给宝宝的，也写下来吧。

总有一天，他会看到，并且明白。

其实原来，我们想要对那些天使说的，不过只有三个字：我爱你。

让我们一起见证宝贝的成长!

go……

第1章

开始的开始

12月27日，夜里，大雪纷飞。
现在回忆起来，那场雪下得莫名的突然。
关于那一天的回忆，漫长而美好，虽然，真的很痛。
其实从开始怀孕，就已经作好了自然生产的准备。
尽管在传说里，那会很疼，但我总觉得，
不经历这么一次，作为一个女人，会是多么可惜。
当然也不可能在那天写东西，那天的日记是由妹妹代笔，再后来我慢慢整理的。
因为我不希望自己忘记掉那一天。
我生而为女人，最甜蜜、最疼痛、最危险又是最幸福的那一天。
亲爱的宝宝，你看，你就是这么来的。
这一天，很长。
但相比于宝宝的漫长人生，它是如此短暂的一瞬。
这是开始的开始。

1. 慌乱的前奏

12月26号下午

之前因为某个指数不好，医生说要住院，还好只住了三天。出院后我心情大好，便约妹妹出去购物。更衣时，羊水破了！我惊叫：“妈！快来！”

突然想起前几天和同学聊天，说到他老婆就是破了羊水生的。这时，我百忙中还打了个电话给同学，咨询各种事宜，我同学说了一半问我：你确定？我说，我当然确定。

他大惑不解，说他老婆羊水破掉时，一副奄奄一息的模样，为何我在电话里的声音如此生龙活虎？这个这个，我也不知道啊。

26号15:05

妈妈打电话给各路专家咨询，妹妹打电话给120。10分钟后，120到。两个工人来抬我，嘟嘟囔囔：真重！妹妹在120上给妇保的同学打电话，留好床位。

不得不提一句，这是我第一次坐上传说中的救护车，也是我妹第一次坐。她兴奋到发狂，在救护车里给同学打电话：哎呀，我在救护车里耶！我真是服了她……

26号15:55

到医院，检查，说宫口开了一指间。但因为尚未足月，且是周日，只有值班医生，所以决定不采取任何措施，如果晚上不发动的话，就在第二天打催生针。

其实我自我感觉非常良好，没有肚子痛没有要生的征兆，但胃口不好，腰酸，不想吃。这时同事给我带来了千丈包子，一大碗，我倒吃了几口。结果就是这几口包子，成了支持我继续下去的力量。

26号21:30

家人留下阿姨守夜，他们要回家。说起来，不是不凄凉的，但因为这个时候好像也

没有什么事儿，让大家守着我也不好，就让他们都回去了，他们竟然也都真的走了……

26号23：30

这个时候，肚子开始痛了。但我又没生过，怎么知道这是不是阵痛？只是觉得不舒服，肚子一会儿痛，一会儿又好了，因为羊水破了，完全不能动，医生说只能平躺，我觉得这是天下最痛苦的时段。值班护士按按我的肚子，嘀咕着说：“没有宫缩啊，要生前，会宫缩，反映到肚子上，就是摸起来硬硬的。”但是我是个胖子，于是我的肚子摸上去一直还软软的，显然是因为脂肪太厚，但当时护士可不是这么想的，她摸一下就说：没事，有事再叫我好了。于是，又扔下我一个人在病房里。

12月27号凌晨01：20

过了十二点，我的痛越来越明显了。差不多隔一会就痛一次。那种绞痛的感觉……

嗯，果然是像书上说的一样，就是想拉肚子前那种痛，不不不，还要痛上很多倍，痛得满身大汗。我想翻个身会不会好一点，虽然医生交代是要平躺，但我还是悄悄地翻一下，结果更痛……但确实是一阵阵的，忽然就不痛了。不痛的时候，疲倦就会席卷全身，只想睡觉。结果差不多一点的时候，护士过来一看，说，不行，产道已经开了四指，要赶紧送产房。于是呼啦啦啦，我被一阵风也似的抬进了产房。

只不过，这种情形下，病人一定要被不断移动吗？从床上移到可以推的床上，又移到待产室，再移到可以推的床上，再移进产房……每移一次对我来说都是很痛苦的……就不能不移吗，一张床到底吗……

2.复杂的生产

12月27号凌晨01：35

待产室，真的是一个很可怕的地方。里

面光线很暗，都是一张张的床，不能有陪同，产妇们衣衫不整地躺在那里呻吟，一点儿也没有迎接新生命的喜悦。我对面床上的产妇痛得直喊，叫住每一个经过的医生，求他们给她来一刀剖掉算了。我带进待产室的是一盒巧克力，过了没多久，一个护士过来说，你妈妈已经到了，让你放心，他们都在外面，你要什么，我让他们去拿好了。我提了个很奇怪的要求：帮我把手机拿进来！一会儿，手机到了，我们通了个电话。听到妈妈的声音，我镇定了很多。

12月27号凌晨02:15

终于进了传说中的产房！护士们的表情都很平常，也是啦，人家天天看到有人生嘛。我刚进去，大家都围在另一边给一个产妇接生，而我咧，先被搞到一张床上，作好生产的准备，不过基本上没有人理我，我以怪异的姿势躺在那里，医生说了几句，大意是想拉大便就拉吧，用力就是了。然后就走了。我就在那里，痛的时候就呻吟一下，不过没有大叫。如果有医生或者护士正好经过我，就会停下来看看我，然后说：对，就是这样，好的，继续，就又走开了……我晕……怎么和我想的完全不同啦……中间有护士过来问我要不要喝水，或者吃巧克力。其间隔壁宝宝已经出生了，医生观察了一下，对妈妈说，宝宝要送保温箱，那个妈妈用非常虚弱非常急切的声音说：让我再看一眼，再看一眼……啊，要送保温箱，我的心顿时沉了几分。

12月27号凌晨02:35

终于！医生们开始围着我了！他们仔细地研究了一下，认为我马上就要生了，就坐在我前方，开始等我生……在疼痛与疼痛的间歇，我不断昏睡过去。因为实在太累了，医生不断鼓励我加油，可是我真的是已经尽力了。我痛……非常非常非常痛……用很大的力……但是还没用到头，就不痛了，于是我一下子放松，就想睡觉。我感到有人在做些什么，竟还有力气问他们在干吗，一个医生冷淡地说：哦，给你打了一针麻药，切开……晕……切开……怪不得人家告诉我，说，在生的时候，医生无论对你做什么，你都不会太痛的，因为生的痛已经盖过一切了……传说果然是对的……

12月27号 凌晨03:55

两个小时，差不多两个小时，我一直在医生的鼓励中用尽全身力气想把宝宝生下来，我感到他就在出口的地方，马上就要冲出去了，但是就差那么一口气，我没有办法再用力了……我能感到那种被撕裂的痛楚。这一生我从来没有这样用力过，每一个细胞都在为宝宝用力……可是……我真的太累太累了……累到我在生产的过程中，一次次睡着，又痛醒。差不多两小时后，医生对我说：不行，如果你还生不出来，我们要用产钳进去拉宝宝了。我顿时大急，说不行不行，你们不要用产钳，我会用力的，我一定会用力的。医生说，已经两小时了，我们规定，两小时过了还不生出来，一定要去拉了，不然宝宝也没力气了。那再给你一次机会，你一定要用力！

好的宝宝，妈妈一定会用力的。我在心里对宝宝说着话，再一次握紧了手里可以用来借力的拉杆。几个医生围过来，按压我的腹部，想帮我把宝宝挤出来。我再次吸了一大口气，然后……一阵铺天盖地的痛楚之后，我清清楚楚地感到一个东西伴着水哗啦一下滑出我的身体。听到医生们欢呼起来：好好好，再用一次力，头已经出来了！

是吗，宝宝，你来了吗，欢迎你……接下来，宝宝的身体就比较容易出来了。然后我听到了一声啼哭。

3. 意外的成果

亲爱的宝宝，这一刻，你离开了我。

而我却觉得，这一刻，我们真正的，在一起。

12月27号 凌晨04:00

响亮的啼哭。美妙的啼哭。可爱的啼哭。这个天地之间，宇宙之间，千千万万的人群里，这一声啼哭，属于我。

唉，是的啦，我生了瑞少（既然是一场悄无声息的大雪带来的，那就叫瑞瑞吧），从此以后，我就成了瑞妈。手机上传来老公的短讯，先是说已经知道生了，然后问，男的女的？原来医院的规矩是不告诉家属是男是女，要等产妇出去亲自说。我问医生，我能打个电话吗？医生非常惊讶，说，你要有力气随便打。我就打了一个电话，告诉他们，是个儿子。其实，在这之前，所有的人都以为会是一个女儿。医生抱来给我看了一眼。宝宝。小小的宝宝。六斤三两。男婴。平安健康。红色的小婴儿，眼睛已经睁开，手指微微地动着。

他是我的。

我身上的一块肉。我的儿子。我的未来。我生命的延续。

人世间最美好的希望。医生把他包好，抱到我身边的透明摇篮里。

他们在我身体上做着缝补，但我的心思已经完全不在那里了，所有的痛楚都变得微不足道，我的眼里只有这个小小的、小小的婴儿。

12月27号 凌晨05:25

过了10分钟，出产房了。护士抱着小孩子先走，在大厅里等候的家人一拥而上，我的病床跟在后头，却是冷清之至。等大家都看过小孩了，才想起我。我一生中最难看的时候就是那个时候，后来照了照镜子，都快认不出自己了，因为太用力，我的整张脸都有皮下出血点，成为一个名副其实的大麻子，那麻子还是红色的，太难看了。我生气道：你们都太没良心了！不过也是，爸妈看我看了三十多年了，那小孩，可是大家都没有见过！

家人问我生产的情形，说我在喊叫的时候，他们都听到了。我沉吟一会，问：“你们真听到了?!”

“是啊！”

“可是，我基本上就没叫过啊！”

“啊?!”家人的问号集体画在脸上。

“可能是我边上那张床上的人吧，她才叫得大声！”

妹妹醒悟道：“啊，刚才全都白心疼了！难怪那声音跟姐姐平时大不一样，根本就是两个人！”

第2章

他刚来的100天

（1～100天）

中国人讲究“百日”，
是不是因为3个月大的小孩子，
基本上已经成个人形了？
刚出生的宝宝，软软香香的，老让人觉得抱都抱不住，
过了3个月，长得硬朗起来着，竖着抱在手里，
他的头可以稳稳当当地立着，
还好奇地四下张望，看起来实在是很像样了。
据说这个阶段小孩子肠胃功能也慢慢发达了，
按老人的说法，过了100天，宝宝就可以开荤了……
而宝宝来这世上的头100天，
每一天每一分每一秒，
都会带给人这么多这么多的惊喜和意外……

1.世界的样子

瑞瑞出生第7天

瑞瑞刚出生，眼睛就睁开了，好奇地四下张望。

书上说，其实这个时候，宝宝的视力还不好呢。不过，今天瑞瑞几乎一直在睡觉，当他睁开眼的时候，外公就不断地用手指头在他眼前移来移去，如果他偶然动下眼睛，大家都奔走相告，欢喜赞叹。

表姐在一旁说："哇，刚出生的小孩这么小，我都忘记了！"是的，她女儿都上大学了。

所以……宝宝，有一天，我也会忘记你这么小时候的样子吗？会忘记你这一刻的目光吗？

妈咪的育儿经

其实刚刚看到瑞瑞时，有点小小的失望。他长得完全不像瑞妈想象中的那种虎头虎脑的样子，根本他的头是长条形的……医生说，这是因为自然分娩，经过产道时被挤的。所以新生儿的头顶囟门还没合拢，就是为了能从妈妈肚子里挤出来。瑞妈很小心地观察了一下，真的有一块是软软的，不过瑞妈可不敢碰……

因为是自然分娩的关系，宝宝出生6小时后，瑞妈就下床走动了哦。单就这一点以及后来几天的感觉，自然分娩的恢复真是快啊。

特别要提醒刚生下宝宝的妈妈们：趁着你还在医院里，快点享受一下吧，不管现在你觉得医院里有多不自在，比起你后来要独自面对的一个又一个夜晚，你会觉得，还是现在好哦。

推荐利器

束腹带！医院里的束腹带总觉得还不够劲道，当时瑞妈一个朋友送了她用过的给瑞妈，一面是柔软的带点绒感的材质，绑在肚子上不觉得难过，另一面应该是橡胶材质！黑黑的，看起来就很靠谱。在空调房间里，只要绑没几分钟，就热得像蒸桑拿。但是，请一定坚持！这是前辈教给瑞妈的重点塑身经验：出了产房就开始收你的肚子！相信瑞妈没错的！

专家咨询室

新生儿的眼睛已有光觉反应，在给予强光刺激时，会出现立刻闭眼的动作。不过，用医学上的术语解释：由于新生儿角膜的曲度大，晶体明显突凸，形成生理性远视，眼睛调节功能较差，因此在视网膜上得不到清晰的映象，所以新生儿看到的物体并不清楚。

但在清醒的时候，他们还是喜欢看东西，特别是圆形、色彩鲜艳的东西，如红球、有鲜明对比条纹的图片；有专家还分析，宝宝特别喜欢看人脸，尤其是戴眼镜人的脸。不过，所出示的物体或人的脸当距离新生儿眼睛20厘米左右时，宝宝才能看清楚，离太近或太远都不行。到差不多四周后，宝宝才会眨眼；2个月大时，才正式拥有注视物体的能力。所以其实一天大的婴儿跟着物体转动眼珠完全是偶然性的，3个月大时，宝宝追寻活动玩具或者移动物体的功能才会完善。

2.人生的第一次测验

瑞瑞出生第3天

出生两天，除了睡觉和喝奶之外，瑞

第一件事是抽血做化验。当护士说要给他抽一点血，我就呆了，看着护士从瑞瑞的小被子里找到他的小脚丫，在他的脚后跟上用针一刺，瑞瑞都还没哭，我的泪就下来了。完全是，觉得自己的心被刺了一样……

第二件事是听力筛查。奶奶抱着瑞瑞去测的，回来后说情况不太理想，瑞瑞反应很小，要今天再测一次。这下可好，大家纷纷在他耳朵边乱发声音，看他的反应……

幸亏，今天去测，一切正常。

妈咪的育儿经

其实刚刚听说瑞瑞第一次听力筛查没通过，瑞妈心里是真害怕。

结果奶奶很坚定地和瑞妈说：“肯定没事的。一定没事的。医生都说了，可能是因为孩子在动，而且瑞瑞确实是在动，所以没通过。明天再查一定没问题。”

确实也没事。家人里一定要有一个冷静的人。不过其实当天让瑞妈更困扰的是瑞妈自己身体上的问题，瑞妈很想洗个澡……

专家咨询室

一旦自己的宝宝没有通过听力筛查，家长往往会产生焦虑和不安。其实，家长需要对听力筛查结果有个正确的认识。

一般来说，不能通过听力筛查仅仅表示听力学意义上可能存在异常，可能存在耳蜗的异常，也可能是由于耳道狭小或堵塞影响了声音的传导（如在新生儿早期，羊水或异物可能堵塞耳道），还可能是环境噪音过大或孩子配合不佳（孩子在活动或哭吵）所致。另外，检查人员缺乏经验有时也可能对结果造成影响。因此，听力筛查只是筛查，并不是详细的听力学评估，筛查报告单上一般也不会写上正常或异常，而是表达为“阴性”或“阳性”，“通过”或“未通过”等。如果首次筛查不能通过，家长也不必过分担心，但必须进一步复查。若经过2～3次复查仍无法通过，则应采用脑干听觉诱发电位检查，争取在出生后3个月内作出明确诊断。

3.黑头发黄皮肤

瑞瑞出生第8天

出院好几天了。街道卫生院的儿科医生来家访，重点是看看宝宝的黄疸有没有退。

一切都OK，瑞瑞当然是黄皮肤黑头发的可爱宝宝，不过，现在他的皮肤是正常的黄色，没有问题！而且，他的头开始渐渐圆了！他刚生出来的时候，他的头像只长长的冬瓜。两三天后他的头，长得有点像葫芦了，因为上半部分还有点长长的，但脸蛋开始鼓起来了。现在总算整体圆圆的……说像西瓜会不会太过分？好吧，像个圆圆的可爱的大苹果！

总之，现在他粉粉的，嫩嫩的，无论是睡着还是

嘿嘿，好可爱呦！

妈咪的育儿经

瑞妈知道的周围的宝宝，几乎人人都会发黄疸。因为一般要到第一周后才会消退，所以也要学习自己观察黄疸是从头开始黄，从脚开始退，而眼睛是最早黄，最晚退的，所以可以先从眼睛观察起。如果不知如何看，还有一个小方法：按压宝宝身体任何部位，只要按压的皮肤处呈现白色就没有关系，是黄色就要注意啦。

另外，现在宝宝已经接受他身处明亮世界这个事实了，所以，房间里还是亮一点吧。记得要让宝宝接近窗边的自然光。不过切记，现在还不可以直接给宝宝晒太阳，会晒伤哦。

推荐利器

你戴隐形眼镜吗？如果戴的话，一定有洗镜片的药水吧！嗯，这个药水，可以当生理盐水用哦！比如有时候，宝宝出奶疹什么的，想稍微清洗一下，手头又没有生理盐水，可以用这种药水代替，还不错哦。

专家咨询室

黄疸是新生儿最常见的疾病之一，一般分为生理性黄疸与病理性黄疸。通常生理性黄疸指的是新生儿在出生2天后，可以用肉眼看出皮肤有点黄，在3～5天到达高峰，7～10天多半就会消失。如果是生理性黄疸，妈妈就不需要担心，因为这是正常现象。但如果发现新生儿皮肤发黄持续的时间太长，精神及胃口都不好，或者体温不稳、嗜睡、容易尖声哭闹等状况，就必须注意是不是有其他的病变，所以妈妈要特别注意宝宝回家后的肤色变化。

4.好像有点脏

瑞瑞出生第10天

真是大问题。

瑞瑞的眼屎，不是一般的多。

多到随时要准备用棉签帮他擦干净。我老觉得，如果不帮他擦干净的话，他会因为眼屎太多而没法把眼睛睁开。看起来怪脏的……当然，擦干净后，就是挺漂亮的小伙子了。

刚出生的时候，医生说，新生儿都是这样的。

可这都十天了呀。怎么还是脏糊糊的呢？而且，还有个大问题是，瑞瑞没有长睫毛！

啊这太让我崩溃了，我一直觉得现在的小孩子好像个个都有扑闪得像把小扇子的睫毛，可是瑞瑞竟然没长！

为什么呀……

妈咪的育儿经

出院的时候，从医院里买多一点消毒棉签！在宝宝刚出生的一个月里，棉签太有用了。一般来说，医院里的棉签，个头较人，结构比较松散，也更软更干净。无论是用来擦眼屎，还是为宝宝清理肚脐，这种棉签更合适。

嗯，还有，用棉签清理宝宝眼角，记得要湿润一下，找不到生理盐水，就用隐形眼镜药水好了。

另外，据说眼屎多是上火的原因。所以母乳妈妈要吃得清淡点哦。

专家咨询室

新生儿的眼屎较多最常见的原因是先天性鼻泪管阻塞，属于正常现象。宝宝哭过的泪水会形成白色物体粘在眼睛上，也会促使眼屎的分泌增加。先天性鼻泪管阻塞大多是正常的，多半会自己痊愈，因此妈妈们不必过于担心。

不过，眼屎多也有一些“非正常”原因：溢泪及眼屎增加的症状也可能是由一些疾病引起，如倒睫毛、先天性青光眼、先天性结膜炎。因此，如果发现宝宝不哭而眼泪很多，而且还喜欢用手揉眼睛的话，可能是上述原因造成的。这时，还是应该找医师诊治。

5.每天要喝1斤奶

瑞瑞出生第14天

昨天晚上，给瑞瑞爷发短消息说他有多可爱，瑞瑞爷回的短消息，说："我很爱他，真的。"

这还用得着说吗，还要用上"真的"两字。王小波对李银河说：爱你就像爱生命。对瑞瑞，我爱他超过爱生命，超过我之前一切的热爱，就像瑞瑞外婆当年爱我。

瑞瑞的胃口越来越大了，一天要吃一斤多奶了（超过500毫升），每天洗澡的时候，就看着他越来越胖啦。

外公喜欢瑞瑞喜欢得不知道怎么办才好，整天拿着个相机，左拍一张，右拍一张，拍完了给爷爷发过去。外婆天天晚上都帮着瑞妈喂瑞瑞。瑞瑞现在醒的时间越来越长了，醒的时候，两只大眼睛咕噜噜地转，可漂亮啦。

我越看越喜欢，外公就说，这是"癞痢头儿子自家爱"，哼，他不也一样越看越喜欢吗？我小时候，他也一样这样瞧过我的吧？

他现在已经有7斤重，哭起来声音洪亮，半夜里哭起来，声势还是挺浩大的呢。

很多叔叔阿姨来看过瑞瑞了，都夸他是个小帅哥。唉。听说现在120个男孩才有100个女孩，不过我才不为瑞瑞担心呢，他一定很招女生喜欢……

而天天在家的我，虽然月子里，爷妈都不让我做别的事，连读书看报什么的都有人反对，更别提上网看电视，可还是觉得时间过得飞快飞快的，一转眼一天就过去了……

也许再一转眼，瑞瑞就已经是大人啦……

妈咪的育儿经

在瑞瑞满月前，瑞妈专门找了个小本子，认真地记下瑞瑞的喂食情况：在什么时候，喂了多少奶量。

事实证明，这太有用了。因为瑞妈在前两个月瑞瑞是混合喂养的，所以，当瑞妈睡觉的时候，保姆和家人也可以根据这个本子上的记录来判断一些事情：比如，1小时前才刚刚喂了90毫升奶，现在又哭，肯定不是因为饿了……

而且，这也是很好的记录呢。

不过，母乳喂养的话，就很难记，母乳喂养是“按需喂食”的……好吧，其实我真的很嫉妒可以母乳喂养的妈妈呢!

专家咨询室

每个婴儿每天所需的奶量不尽相同。一般来说，4个月前的宝宝所需的营养可以完全由母乳或配方奶粉供应。以体重来换算，一天平均1000克体重约150毫升的奶就够宝宝生长发育的需要。譬如3000克大的宝宝每天能吃到450毫升，5000克的宝宝一天吃750毫升的奶就足够了。一般一天分六次喂养，也就是说，半个月大的宝宝，每次喝90到100毫升差不多。

从生理角度看，新生儿的胃每3小时左右会排空一次。从理论上讲，母乳喂养是按需哺乳，没有严格的时间限制。但是，如果超过3小时，婴儿还在睡觉，可以采取以下方法将婴儿唤醒：给婴儿换尿布，触摸新生儿的四肢、手心和脚心，轻揉其耳垂。

如果上述方法无效，还可采用另一种方法，母亲用一只手拖住婴儿的头和颈部，另一只手拖住婴儿的腰部和臀部，将婴儿水平抱起，放在胸前，轻轻地晃动数次，婴儿便会睁开双眼，婴儿清醒后，母亲即可给婴儿哺乳。混合喂养或人工喂养的婴儿，也应每隔3～4小时喂奶一次。

6.眼皮上的小红斑

瑞瑞出生第16天

有了瑞瑞，我爹的生活完全变了。按他自己的说法，是所有的一切都围着瑞瑞转了。

瑞瑞有件事一直是我爹的心病（其实大家都有点在意，不过每个人都装得若无无其事似的）：他的右眼睑一直红肿着，像是胎记，又像是肿块，从出生一直到现在都没有消掉。而且嘴唇上边也有一个手指尖大小的淡红印子。

我爹每天要查看很多次，半夜里也会

打着手电过来瞧瞧，担心这一个肿块会影响瑞瑞的视力。

昨天他出门了一趟，回家我们都吃过了，他一个人就着剩菜喝了点酒。乘着酒兴又来看瑞瑞，忽然说，瑞瑞，如果外公割点肉，能让你这眼睛长好了让我放心，随便哪块我都割给你。

忽然之间，我很想哭。

妈咪的育儿经

瑞瑞的胎记，大概在他半岁左右，就已经很不明显了。当时让外公非常担心的眼皮上的红印儿，医生曾说是血管瘤的，现在已经完全没有了。反而是唇角那抹淡印子，现在有时候在他哭闹或者生气因而小脸涨红的时候，还能瞧出淡淡的印记。所以，除非是轮廓非常明显的深色印迹，淡色的胎记会慢慢消退的。

专家咨询室

宝宝降生后，身上都或多或少地存在皮肤色素异常的“胎记”，通常可以根据其大小、颜色、形状、软硬、部位等，分辨其危险性及以后的变化。

鲑鱼色斑：多见于刚出生孩子的颈部、前额、上眼睑、眉间，为淡红色的斑痕，通常呈不规则形状，界限也模糊不清。这些斑块实属局部的毛细血管扩张，是婴儿在子宫里的时候，受到母体内荷尔蒙的刺激而形成的，又称为毛细血管扩张痣。多数在1岁半以前会自然褪去，所以不必采取治疗措施。

葡萄酒渍：一般发生在孩子的太阳穴、脸蛋等处，其颜色深红、皮肤平滑，形状和大小各异，界限分明，也叫做单纯性血管瘤。有些能自然消失比如颜色较浅的，但有的将永远存在。葡萄酒渍偶尔也与其他疾病有联系。

蒙古斑：呈暗青或淡灰青色，通常长在屁股上，也可能分散在腰部、背部等处，呈圆形、椭圆形或方形不等，境界不是十分明显。它们只不过是沉淀在皮肤表面的色素而已。

草莓斑：草莓斑也很常见，是毛细血管没有同身体的其他血管接通的结果，刚出生时很少发生，一般46周时才会出现。开始时通常是一片苍白的区域，随后很快变成一块深红的凸出斑块，很像草莓的光亮表面。草莓斑大多在八九岁前自行消退，很少需要治疗。

7.我要抱抱

瑞瑞出生第17天

瑞瑞开始要人抱了。醒着的时候，被人抱在怀里就不哭不闹，眼睛滴溜溜的，可爱极了。渐渐在人怀里睡着，一放下，就开始哭。

大人们纷纷给出了不同意见。

有的说，宝宝要抱，那当然要抱啊。

也有的说，不可以抱出习惯，如果孩子养成一定要抱在手里睡的习惯的话，那可就惨啦。我想起我在产科住院的时候，半夜里会看到有个男人默默地在走廊里游荡，怀里抱着他刚出生的宝宝……他有一次解释说，好像只有这种状态下，宝宝是最安静的。天啊，如果我们家宝宝养成这种习惯，那也太……

但是，就算是说“不可以抱成习惯”的人，当瑞瑞哭起来的时候，也会立马扑过去的……

好吧。看来我的减肥事业可以顺利进行了。我请的月嫂说她月子里轻了30斤，就是因为要晚上抱小孩。可是我并没有轻……当然，现在瑞瑞越哭越响，常常把外婆惊醒了，然后她就起来照顾啦。

可是瑞瑞在怀里的感觉，实在是好极啦，尤其是只穿着小衣服，软软的暖暖的……

不过，他太小了，我都不敢抱。

妈咪的育儿经

瑞瑞算是相当乖的小孩子，很少会哭。但也有莫明其妙大哭的时候，瑞妈得私下说，其实这个时候，妈妈要保持耐心还是容易的，但如果当时身边还有别的大人，瑞妈反而会很焦虑。

所以，如果你正好不是那个哄宝宝的人，在宝宝哭的时候，一定不要责备那个正在哄的人“为什么还哄不

好”，因为……不然你来哄哄看？

另外，瑞妈觉得，抱着宝宝入睡，确实是会让宝宝成为习惯的一件事。人类是一种很缺乏安全感的动物，而婴儿则更是如此。如果他觉得你的怀抱是最安全的地方……那么，真的会一放下就哭哦。

综合网友及各方经验，婴儿哭的时候，妈妈的第一反应不是马上去抱他，而是判断他为什么哭：扭动身子，多半是要换尿布了；嘴巴一张一张，那是要喝奶了……马上满足他的要求，他自然不哭啦。

总之，婴儿哭，都是有道理的。而拥抱当然够温暖，但可能不是万能的。

专家咨询室

其实，对新生宝宝来说，啼哭也是一种运动哦。这是因为，宝宝哭的时候，呼吸系统的运动量会增大，这样就增加了肺活量，有利于肺的发育。而另一方面，宝宝哭的时候，会本能地调节全身的血液循环和新陈代谢。而宝宝哭累了，就会自然停下来。

所以，新生宝宝正常啼哭是一件好事。当然，应该先分析他为什么哭，饿了，渴了，还是尿布湿了……太厉害的时候，抱起来轻拍背部，可以让他平静下来。

8.打针啦打针啦

瑞瑞出生第18天

今天下午瑞瑞去打卡介苗了。因为我还在坐月子，所以享受在家呆着的待遇，是奶奶和外婆带他去的。

这是瑞瑞第一次打针。发了个小本本，上面的格子很多，听说，每一行都表示要打一针。

阿九恐吓我说，7岁前，瑞瑞起码会1个月去一次医院打各种针，最终会看到医院就害怕的。不要吓我好不好！

不过，听说当时他哭得很厉害很厉害，嗓子都快哑啦。还好我没去，否则一定跟着哭啦。上次抽他的血，我看着就快哭了。

医生也检查了他的眼睑，果然说这个红斑，应该会在7个月内褪掉。呲，还好还好。

外婆骄傲地说，今天去医院里碰到二十多个小孩，就数我们家瑞瑞长得最好看！嘻嘻，那还用说！

妈咪的育儿经

第一次带瑞瑞去打针，光顾着关心他哭不哭疼不疼啦，打完了听医生说了一大堆注意事项，有点呆掉了。

不过后来就知道了，首先，去打针前，要给宝宝洗个澡，因为医生总会提醒你，打完针后不要碰到水。然后，要让宝宝吃饱，好像医生也会说，短时间内不要喝水……最后，打完针当天晚上，要有心理准备，因为很可能宝宝会表现出有点不舒服，发低烧的情况哦。

另外，其实对预防针这件事，网络上也有相当争议，就是，要不要打自费的预防针，不是钱的问题，而是有些家长觉得，打预防针其实就是让婴儿先感染一下，可能不是特别妥当，所以不在国家规定范围内的预防针，就有家长不愿意打。如果你也对这件事很介意的话，可以上网搜一下资料，这方面的资料还蛮多的。

专家咨询室

婴儿出生后，体内往往还有来自妈妈的各种 抵御疾病 的抗体，所以，婴儿在半岁内很少得传染病。6 个月以后，来自母体的抗体免疫逐渐消退，抵抗力会逐渐减弱和消失，此时若接触病毒、细菌等病原体，孩子就容易传染。为了提高宝宝抵抗传染病的能力，预防传染病的发生，就需要有计划地按时给宝宝进行预防接种，以保护儿童健康成长。

目前，国家规定纳入计划免疫、有统一免疫规程的疫苗只有5种，即卡介苗、脊髓灰质炎疫苗、百白破三联疫苗、麻疹疫苗、乙肝疫苗。这5种疫苗儿童必须普遍接种。一般来说，宝宝一出生就拥有一个《预防接种证》，请尽量按小本本上的时间给宝宝接种。

接种前，一定要把宝宝最近的身体情况向医生说明哦。尤其是正在生病的宝宝，往往不宜接种，应该和医生商量后，等病好后再补打。比如，正在患传染病、正处于恢复期或有急性传染病接触史而又未过检疫期的宝宝，如果接种可能会让病情加重。而正在患感冒或因各种疾病引起发热的小儿，若打预防针，会使体温升高，诱发或加重疾病。另外，如果宝宝有呕吐、腹泻和咳嗽等症状时，也要暂缓接种。近1个月内注射丙种球蛋白者也不宜接种其他疫苗。

9.晒晒你的小屁股

瑞瑞出生第19天

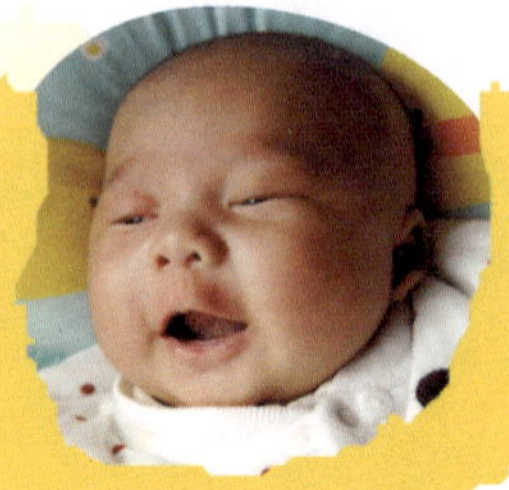

中午，把瑞瑞放在靠窗边的床上，晒一小会儿太阳。

他只穿了一件厚的连体衣，敞开了他的小被子，舒舒服服地躺在阳光下，脸上的绒毛闪着金光。

晒了一小会儿，我干脆把他翻过来，扒开他的衣服，晒晒屁股。

真是……太可爱了！

外公外婆不约而同就把头凑到瑞瑞跟前啦。

就算在怀着他的时候，我也没有想到过他可以给我们带来这么大的快乐。

今天瑞瑞没穿袜子，晒完小屁股，开始晒小脚丫，我瞅着他的脚指甲有点长了，让外婆看，外婆自告奋勇要帮瑞瑞剪趾甲，剪了一会儿，她忽然惊喜地喊起来：好舒服啊！

我一看，外婆正把瑞瑞的小脚丫贴在脸上，满脸幸福。

大家都争着去亲瑞瑞的小脚丫了，果然，嫩嫩的，贴在脸上，好舒服啊。

而瑞瑞，现在还属于无知无觉的状态，只知道吃了睡，睡了拉，完全不知道，他是如何改变了我们的生活。

对于我而言，正是在这么一段时间里，深深地理解了妈妈的辛苦。可惜，瑞瑞是个小子，关于做妈如何辛苦，估计他是不能知道啦。不过没关系没关系，只要他快乐，我就快乐！

妈咪的育儿经

做亲子编辑的时候，特别做过一期和晒太阳有关的专题，医生特别提醒说，隔着玻璃窗晒太阳是没用的……

而以瑞妈的经验，冬天选择没有风的时候，开窗，把宝宝放在窗前晒会儿太阳，宝宝会非常舒服哦。晒晒他的小手小脚小屁股吧，不过，不要晒到他的脸!

事实上，晒太阳是非常重要的！不过，要按医生和专家的指示，在最有效的时间里，最有效地晒太阳。特别是，很多医生会对缺钙的宝宝家长建议，要多晒太阳啊。

推荐利器

有没有觉得，给宝宝剪指甲时很让人担心呢？市面上有很多卖专门的婴儿用剪的，瑞妈买这些东东，都是在“红孩子”网站呢，那里的东东不仅品质高，还很划算呢，主要是还有积分返啊！不过瑞瑞的奶奶（她是给瑞瑞剪指甲的高手）提供建议说，其实呀，像张小泉也有小小的，专门用来帮宝宝剪指甲的剪刀呢，她用过觉得更好使!

专家咨询室

一般来说，生后半个月至1个月就可以开始带宝宝晒太阳了。在晒太阳之前，应该有一个阶段(5～7天)的空气锻炼，即到室外接触的新鲜空气。比如，夏季抱宝宝到室外阴凉处，冬季抱宝宝到室外避风处活动。开始10分钟左右，以后逐渐延长。当宝宝基本适应室内外环境温度差异后，就可以开始晒太阳了。大自然赋予的

不过，晒太阳还是有很多讲究的。首先要避免太阳直射眼睛及男孩的 小鸡鸡 ；被太阳直射的时间不超过10分钟，主要是晒手、脚、屁股，如果没有风，还可脱掉上衣晒。夏天的时候，选择树阴下，也同样有紫外线折射，所以其实也是有晒太阳的效果哦。

10.看见玩具啦

瑞瑞出生第20天

有了瑞瑞后我发现自己说不出别的话了。说来说去，总会绕回到瑞瑞身上。

也有可能是因为现在还在坐月子，所以思维比较缓慢。

不过，我可不想做一个笨妈妈，我要做个感性的聪明妈妈!

所以我买了一大堆育儿书（其实是老早就陆陆续续买了），打算好好学习的。

朋友们送来了很多玩具，其中有一个我自己看着都觉得很有趣的，是个彩色的玩具

架。

今天我们把玩具放在瑞瑞面前，他显得很有兴趣的样子，好像可以看见了，虽然我觉得他其实看不见什么。因为书上都说这时候，还没有形成很完整的视力系统。

不过，他的眼光真的会跟着物体动！

推荐利器

彩色玩具架。不是挂在床上的那种旋转音乐架，这种音乐架包括瑞妈本人在内，到现在为止，瑞妈都没有听人赞它好的。嗯，大部分家长买它，瑞妈相信是因为它看上去够梦幻够童话……其实完全没什么用……但是，那种可以放在床上或者地上的彩色玩具架就不一样了，从宝宝出生起可以用它来练眼力，然后去抓……当健身器材……请注意，一定要买安全产品！万一不合格产品上面的零件被宝宝扯下来，后果很严重！

妈咪的育儿经

绝对不要用闪光灯给新生宝宝拍照片！这样对宝宝的视力，会有损害哦。

其实，现在的相机功能很强大，不用闪光灯也完全可以拍到很可爱有趣的照片。瑞妈就给瑞瑞拍了很多可爱的照片，都贴在博客上，被很多粉丝喜欢呢！嗯，另外，关于相机这件事，在宝宝一周岁以前，事实上用相对一般的相机，也可以拍出很好的照片，因为他还不太会动。但当他会爬会走后……OMG，你得要一个高级相机，才能拍下最好的照片了！

专家咨询室

闪光灯对眼睛是较强的光刺激，人体本身可通过不同的保护机制进行本能防护，比如瞬目阻挡光线射入眼底、缩瞳调节感光强弱、眼泪对光线产生折射等。胎儿出生前生活在母体子宫这一暗室，生后对外界光线要逐步适应；而宝宝出生后眼睛仍处于发育过程，这种主动保护机制也不完善。例如，同眼睛运动有关的睫状肌环状纤维要到7岁才能发育完全、与视物成像有关的眼底黄斑部要到生后4个月才发育完全等。

当婴儿被强光直射时，可使视网膜神经细

胞发生化学变化，瞬目及瞳孔对光反射不灵敏、泪腺发育差使角膜干燥等可引起视网膜和角膜灼伤甚至导致失明。

因此，5岁以下、特别是6个月以内的小儿，照相时要尽量应用自然光，避免使用闪光灯，特别是直接面对闪光灯拍照！

11.超好用的洗澡用具

瑞瑞出生第24天

之前，同事曾送我一个专门用来给宝宝洗澡的浴床，因为月嫂从来不用这种东西，她就一直用手托着瑞瑞给他洗澡，瑞瑞也是很享受的样子。所以这个浴床也就一直没用上。

事实上月嫂天天给瑞瑞洗澡。

可是家里除了月嫂，根本没有人敢给瑞瑞洗澡。

嗯，是的是的，他太小了，太嫩了，只有月嫂，把他当成一个普通婴儿，而在我们家，他可是这个世界上最金贵的宝宝。所以每次洗澡时，全家人都围在月嫂边上，一边笑一边看月嫂给他洗澡，却没人敢试着帮他洗一下，生怕动作不对。

今天瑞妈我终于鼓起勇气，把那个浴床放在澡盆里，让月嫂试试看如果好用，至少在月嫂走了以后，我可以比较有点把握。

没想到，宝宝刚刚好被浴床托住身子，浸在水里显得很舒服！真的很赞！这样的话，给他洗澡，也变成一件很方便的事儿了。

看来，只有买错的，没有卖错的，人家设计出来，就是有道理的。

这下好了，我终于对给瑞瑞洗澡这件事，有点信心了！

妈咪的育儿经

之前看很多书上都有写如何给宝宝洗澡。看上去，都是非常复杂。比如，要如何托住宝宝的脖子，要如何在规定时间内让宝宝洗完，如何……

而从这件事上，瑞妈知道了，工具是多么重要的一件事。有合适的工具，就能让这件事，变得很简单。

你需要准备以下物件：专用的婴儿澡盆。配套的婴儿浴床。一个水温计。冬天冷的话，电暖气比空调更可靠。柔软的婴儿纱巾。还有像棉签啦、婴儿油啦等等小零小碎。

另外，尽量让宝宝在同一个地方完成所有过程：脱衣、入浴、抚触、穿衣……如果家里的卫生间不够大，反正宝宝都是盆浴，也可以找更合适的地方。瑞瑞大概在半岁以前，都是在书房里洗澡的，洗完澡就在书桌上抹婴儿油、晒太阳……这样的好处是，完全避免了婴儿在不同房间抱来抱去可能会着凉的问题！

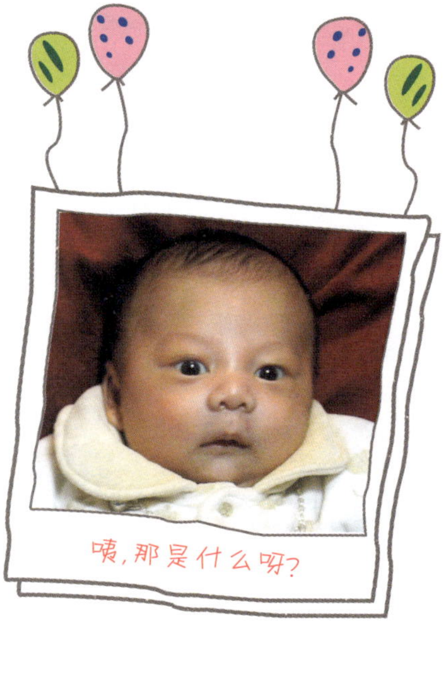

唉，那是什么呀？

专家咨询室

经常给新生宝宝洗澡，不仅能保持宝宝的皮肤清洁，少生皮肤病，而且还能促进血液循环，增进食欲，有益睡眠及生长发育。洗澡中温水对皮肤的刺激还能够促进新生宝宝感、知、觉的发育。妈妈给宝宝经常洗澡，还可以全面观察宝宝的健康状况，及时发现异常现象。

所以，健康的新生宝宝出生后就可以洗澡了，热天可以一天洗两次，冷天每天洗一次。

新生宝宝洗澡时，要注意：室温应该控制在28℃左右，洗澡水应该是37～38℃。

12.其实我很想做奶牛

瑞瑞出生第30天

瑞瑞今天满月。

我们给他拍了一组照片。拍照的时候，他难得地清醒着，照片上，两眼真叫一个炯炯有神呀。

嗯，这个月真奇妙。可是，还是有遗憾的。

我的奶水不够。

事实上，我很想母乳喂养的。就像我会坚持自己生一样，我也非常希望可以成为……一头奶牛。

但是多么可惜，我不是。但即使这样，也足以让我感叹生命的神奇，因为在瑞瑞刚出生的那几天里，只要一听到他哭，我就会条件反射似的……溢奶。

这种条件反射，完全不以我的意志为转移。

可惜的是我的奶水根本不够。

无论喝多少鲫鱼汤都没用。顺便说一句，不放盐的鲫鱼汤可真难吃。

瑞瑞，亲爱的，不能亲自哺乳，可能是妈妈这辈子，最大的遗憾呢。话说这个月以来，瑞瑞也已经够努力了，可惜妈妈没足够的奶水……那天，我和他都努力了半个多小时，都累了。他摊在我的肚子上，一副累翻的样子……实在是太好笑了……可惜没拍下来。

妈咪的育儿经

反正，遗憾已经造成，也没啥可说的了。

但是，有一点是真的，宝宝用过奶瓶后，真的很不愿意来吸妈妈的奶了。因为那太累了。看过瑞瑞吸奶，瑞妈才知道“使出吃奶的劲”这句话原来很贴切，那确实是个力气活儿。我们在整个月子里，都很努力地希望能让瑞瑞喝母乳，但最终，这件事还是失败了。嗯，关键在瑞妈，在我。

推荐利器

瑞妈真没啥可推荐的。不过，周边经验，不管有奶没奶，都应该准备一个吸奶器做辅助。电动的非常费电，反而周围有很多人推荐手动的，新安怡或者贝亲的，比较科学。

专家咨询室

其实瑞妈在怀孕时，就一直在接受“母乳喂养好”的教育。总结起来，母乳喂养的好处真是多得数也数不清。专家是这么说的：新妈妈的身体为了生产足够的母乳每天会多消耗500卡路里的热量。频繁且完全的母乳喂养可以预防婴儿猝死综合症，母乳还能帮助孩子增强预防疾病的抵抗力。据英国一家非盈利性组织，即婴儿死因研究基金会（FSID）的研究认为，母乳是抚养孩子的最自然也是最好的方式。母乳是孩子健康成长的最完美的食物，无需再添加任何营养。母乳喂养是供给与需求，或者说是需求与供给的一种过程，母乳量的多少会根据孩子的需要自然进行调整。在婴儿出生后头几周，每天可能需要哺乳8～10次，或者更多。随着孩子成长的需求，母亲可能需要24小时不断地哺乳，以刺激母乳的产出。研究发现母乳喂养的孩子不但智商高，而且很少生病或住院。

13.梦幻小床

瑞瑞出生第38天

其实我真的太想拥有一张小小的公主床。在我怀孕的时候，一直以为自己肚子里是个女宝宝，光这一点就够让我在婴儿用品商店里留连忘返了。

我梦想中的小床，应该有白色木栏杆，挂着粉色的帐子。床头悬挂着五彩缤纷的音乐转转乐，铺着舒适淡雅的被子……

好吧。其实瑞瑞睡的是同学当年给他儿子买的小床。虽然旧了，但很结实。至于转转乐，是有的，好不容易装到床头上了，可我发现瑞瑞根本不感兴趣。

不过，瑞瑞从生下来起，就是自己在小床上睡觉，到目前为止，过了1个多月了，他基本上没有在大床上睡过。对这个问题，他好像没多大意见……

同学小马的女儿，就完全不愿意在自己的小床上睡觉，一定要和大人睡一张床。他们家小床完全是个摆设，而且，他们家的小床，和我梦想的公主床一模一样……他苦口婆心地和我说：千万要让宝宝一开始就习惯睡小床，不然，麻烦就大了……

现在看来，瑞瑞表现得很不错呀。

妈咪的育儿经

瑞瑞一直很喜欢自己的小床，可能真的是因为，他从一生下来，就在自己的小床上睡觉。

不过，其实对瑞妈来说，在“瑞瑞可能害怕睡小床”与“瑞瑞可能被我翻身时压到”之间，后者更可怕。所以，至少在瑞瑞周岁前，从来没想过要让瑞瑞睡在身边……

推荐利器

如果可以，向朋友要一张旧床！旧床的安全性在于，它完全没有你可能会担心的油漆啦，化学物质啦……所以，如果你要买新床的话，就一定要提前买，先在家里放置一段时间再说。瑞瑞的床单，从“红孩子”网站订购了一些，另外给他买了一个床围，就是把栏杆部分围起来的布做的安全护栏，这样就不担心宝宝的脑袋会撞到木头护栏上了。巧手妈妈完全可以自己做一个。

另外，有些小床会配一个摇篮。基本上，这个摇篮，很无用。

专家咨询室

选购婴儿床时，应该注意下面的一些数据：

围栏间距：标准的围栏间距应该是8cm左右。

围栏高度：围栏的高度应该不低于60cm。

铺位高度：宝宝床的高度，在铺上床垫后应该与大人的床在同一个平面上，或比大人床稍低一点，这样便于妈妈睡在床上就可以看到宝宝，监督他的活动情况。

床板：床板的厚度应该保证宝宝在上面安全地蹦跳玩耍。

连接处夹缝宽度：床板和床体、护栏和床头之间，6～11mm大小的距离属于危险夹缝。

做工精良：床的表面要光滑，没有毛刺，床的里面不能有任何突出物；拐角部位要比较圆滑。此外，还要仔细观察铁管的管口有无封闭，如果管口没有封闭，看到小洞洞，会引起宝宝的好奇，伸手探索。

环保材料：注意床栏杆等的涂料是否环保安全，千万不能含有铅等元素。有的婴儿床涂有各种颜色，如果涂料中含铅，当婴儿啃咬栏杆时就有发生铅中毒的危险，发生铅中毒，会使婴儿出现贫血。床板基本上都是由三合板、胶木板等木板组成，这些木板中会存有甲醛的成分。所以购床时，如果闻到有刺鼻的气味，说明甲醛含量超标，要谨慎购买。

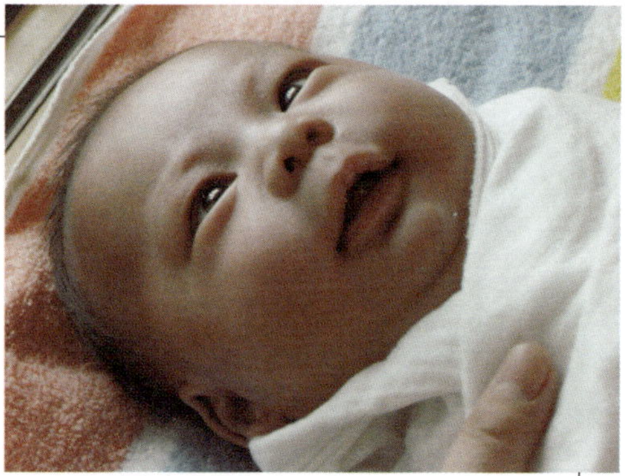

14.让人抓狂的吐奶事故

瑞瑞出生第47天

昨晚真是可怕呀。

他本来好好地在吃，忽然哭起来，从鼻子里出来了一点点奶。我赶紧放下奶瓶，拍拍他……结果半分钟之后，他忽然一张嘴，哗一声，奶水像瀑布一样从他的嘴里和鼻子里喷了出来……

手忙脚乱地擦拭，哄拍，换衣服……还好这时瑞瑞爹回来了，赶紧和他一起帮瑞瑞穿好了衣服。平时瑞瑞的衣服都是月嫂穿的，我很少有穿的机会，给他穿过两次都是因为他半夜吐奶了，偏偏这次换的衣服全是绑来绑去的带子，我又怕穿不好，又怕他着凉，那个心急呀……

给他穿好，让他爹抱着哄了一会儿。每次看到瑞瑞爹抱着瑞瑞瑞妈都觉得特别好笑：反差太大了，一个那么大，一个那么小，看起来，就像一只大狗熊抱着个小白兔。偏偏瑞瑞爹每次抱着瑞瑞都会心生骄傲之情，还老是要去照镜子看他抱着儿子的样子……

因为昨晚才吐过奶的缘故，刚才起来再喂他，就很紧张了，喂一会儿就要停下来拍拍他，生怕他再吐。他睁着大眼睛瞧我，虽然知道他现在肯定瞧不到我，那眼神就是个意思，可还是心花怒放。瑞瑞实在是天底下最可爱的小孩子啦。

自从有了瑞瑞，整个心态都变了，那天去超市，满墙的促销广告，一眼瞧见的就是尿不湿……昨天晚上和同事吃散伙饭，这么重要的饭啊，要搁从前，准定要喝酒，然后哭。昨儿不能喝酒，一过了八点，就开始坐立不安了。九点多从饭店出来打车，一直打不到，简直是心急如焚……想当年赶着去约会也没有这么急过……

妈咪的育儿经

由于一直还算妥当，瑞瑞虽然也吐奶，但总的来说，吐得不算多。

喂完奶把宝宝搁在肩上靠一会，轻轻拍他的背，等他打出嗝再放下让他睡，这好像是让宝宝少吐奶的最有效的方法之一。

推荐利器

手绢！其实我们习惯用的纸巾对宝宝来说，不是最好的选择，包括那些湿纸巾也一样。宝宝常流口水或者吐奶，最好的必备物品是柔软湿润的毛巾。瑞瑞出生前，瑞瑞的外婆为他准备了很多手帕，超好用！另外，秋冬天，要及时涂抹润肤膏防止肌肤皲裂。因为小脸蛋很嫩，经常擦拭，很容易就变糙了，让人心疼啊。

专家咨询室

其实新生儿还蛮容易吐奶的。

专家说啦：新生儿容易吐奶的原因在于他们的胃部和喉部还没有发育成熟。新生儿的胃部，从正面看是横躺着的，呈不稳定状态，同时胃部入口还比较松，不能像大人这样很好地进行收缩来防止食物逆流。另外新生儿的喉头位置要高一些，吃奶时空气容易与奶汁一起吸入胃部，所以当孩子打嗝或身体晃动时，吃进去的奶也就比较容易被吐出来了。

以下的几个方法可以有效地防止宝宝吐奶：

（1）采用合适的喂奶姿势：尽量抱起宝宝喂奶，让宝宝的身体处于45度左右的倾斜状态，胃里的奶液自然流入小肠，这样会比躺着喂奶减少发生吐奶的机会。

（2）喂奶完毕一定要让宝宝打个嗝：把宝宝竖直抱起靠在肩上，轻拍宝宝后背，让他通过打嗝排出吸奶时一起吸入胃里的空气，再把宝宝放到床上，这样就不容易吐奶了。

（3）吃奶后不宜马上让宝宝仰卧，而是应当侧卧一会儿，然后再改为仰卧。

（4）喂奶量不宜过多，间隔不宜过密。

15.我家有个夜哭郎

瑞瑞出生第52天

总算过完年了！这是瑞瑞过的第一个年，当然，我想他应该也没啥感觉吧。有感觉的是我们……因为这7天里，有5天瑞瑞被抱出去吃饭什么的，搞得他现在到了晚上就很兴奋，基本上，过了九点后，就开始折腾，搞得我都不知道怎么办才好。

前天还又吐奶了，吐了很多，吓死人了。折腾完，又是一点半，才慢慢睡着了。而且一定要在我怀里睡着，才能放下。不然的话，一放下，还是会醒，会哭的。然后早上四点多要醒来一次，喝奶，换尿不湿，不过这一次就比较快睡着。看他睡得香甜的时候，我已经从很困变得很清醒了。

还好我早上可以睡，奶奶带着他。不然的话，估计会吃不消吧？

他什么时候才会长大呢？

昨天瑞瑞过了十二点就睡着了，真算客气。以往要作到一点半呢。可是因为瑞瑞他爸两点才回来，所以，基本上我也没能睡成，等到瑞瑞三点起来喂好，再睡下，已经四点了。结果，他五点半又醒了，哭得又响又急，好像好几天没喂他一样，其实两个钟头前才刚刚吃过！

他断断续续吃了120ml，我想把他放回小床上，发现不行，他越来越清醒，两个大眼睛炯炯地看着我……

我只好把他抱给了奶奶，再回头睡大觉……

瑞瑞，你不知道你妈妈早上是醒不过来的吗……

妈咪的育儿经

其实瑞妈总觉得，宝宝偶然几晚闹一点，也没啥大不了的。天天晚上不睡觉，才是问题，而医生多半也只有一个意见：补钙……事实上缺钙的一个临床表现，好像就是晚上睡不好。所以，如果因为夜哭去找医生问的话，十个宝宝，有九个宝宝会被医生说：缺钙。

不过瑞瑞基本上还好啦，就是周岁以内，天天晚上要喝两三次奶。

所以他长得可真胖。

推荐利器

恒温器。好吧，喂母乳的妈妈可以跳过……但是如果是人工喂养的话，可以用这个哦……这个很像一个比较大型的杯子，在里面装上水，打开开关，让水温恒定在某个你需要的温度，这样的话，如果你预感宝宝要喝奶，可以冲好奶粉后，放在里面，等宝宝要喝的时候，温度就是刚刚好，也不会因为要一边哄宝宝一边冲奶粉而手忙脚乱。再次羡慕可以喂母乳的妈妈！至少不用考虑啥温度啦！

专家咨询室

专家说啦，新生宝宝还没有很明确的白天、黑夜的概念，所以，重要的是，让宝宝养成睡眠规律。

新生宝宝的睡眠时间很长，出生2周后，妈妈可以有意识地让宝宝少在白天睡觉，比如，少喂点奶，多和宝宝玩。这样白天疲倦了，睡前再喝足奶，夜晚自然睡得安稳。几天下来，睡眠规律就会养成。

至于晚上吵闹，除了饿了、尿了、不舒服了这样的可能性之外，所有专家对这件事的反应都是：是不是缺钙了？

如果不想过早给宝宝补钙，就一定要每天晒够太阳。

16.果汁的味道

瑞瑞出生第53天

瑞瑞今天开始喝果汁了，20ml的橙汁，用1：3的比例调好，他喝了40ml。按书上说的，是洗完澡喂他喝的，他喝的时候，没有像喝奶粉那样急不可待，而是带着一种若有所思的表情，小口小口地喝。

今天外公外婆来看瑞瑞了，大伙儿围着他，看他洗澡，看他喝果汁……真是喜欢哪。天下怎么就会有这么好看的小娃娃咧？

瑞瑞刚生出来的时候，没长睫毛。我老担心他怎么没睫毛呢，外公说，那是小事，我觉得不是，瑞瑞的事无小事，总理都这么说过的……不过到了今天，他的睫毛已经又黑又长了，配着他的大眼睛，呵，谁不说瑞瑞是小帅哥哪！

昨天晚上，他很迟还不睡，我抱着他，他渐渐地合上了眼……忽然，他的眼睛弯成了月牙儿，嘴角一咧，就笑了起来，还笑得特别大幅度，小身直抖了……天啦，那一刹那，我的心都融化了……

亲爱的瑞瑞，希望你的人生，有多多的笑……

妈咪的育儿经

都说，婴儿最好的饮品就是鲜榨果汁。不过，当时也给瑞瑞囤了一堆亨氏的果汁，出门的时候很方便。但是！真的非常非常贵！因为太贵，所以当发现瑞瑞的口味根本无迹可循，就有点儿小心疼啦。

还是现榨最好。反正他吃得少，剩下的瑞妈我自己吃。

推荐利器

橘子是最好榨汁的水果，所以瑞妈很喜欢。贝亲有一款婴儿榨汁机，十分好使，像个倒扣的碗，只要把剖开的橘子往上面一压，就好了。它有一个套装，里面配了磨果泥的小工具，还有一个小木棒可以捣碎鸡蛋。这个套装很赞哦。但贝亲的很贵，亲亲宝贝有一套结构完全一样的，价格就便宜很多。喜欢慢慢“淘”的妈妈可以去找找看。当然，用勺子挖果泥，也是很方便的……

专家咨询室

2个月大的宝宝，其实已经可以尝试喝一点果汁了。不过，给婴儿喝果汁，并不只是为了补充维生素，更重要的是让孩子通过吃果汁获得更丰富的味觉刺激，在感到好喝的同时体验喝果汁的乐趣。这也可以说是人生中〝享受美味〞的很重的一步。

喂婴儿的果汁，最好是用新鲜的水果自己做的，可兑一倍水，最好不加糖。从一天喂一次，每次10ml开始，渐渐地加量至30ml。开始时，只能给孩子喂一种水果的果汁，适应后(3～5天无异常)才可换其他品种。

喂果汁的时间最好选户外活动或者洗完澡之后。此时，孩子口渴，适宜喂水或果汁。

17.用力的小手指

瑞瑞出生第66天

今天把那架玩具放在他面前，他看得很入神。我试着把他的小手抓到玩具上，他紧紧地握住了，还摇呢！

而且，瑞瑞的笑容也越来越多了，抱他在手里，他半梦半醒间，发出咯咯咯的笑声。低头一看，他正闭着眼乐呢，不晓得梦见了啥？

从来没有一个人的笑容，能让我如此心动。整颗心都要化掉似的感动。

昨天，他抓着奶奶的手指，并且试图把它放进嘴里去。

今天中午起来，去看瑞瑞，他被保姆抱着，我凑过去喊了他一声，他慢慢地把眼睛看过来了。

瑞瑞，我要为你，成为一个漂亮能干的妈妈，好让你长大后，为我骄傲。

妈咪的育儿经

注意了注意了！宝宝开始到处摸啦！

给他准备一些色彩鲜艳的小玩具让他抓、握吧。不过，要记得，随时在身边关照到，宝宝可是会把任何东西往嘴里塞的哦。

推荐利器

你以为瑞妈会给你推荐好的玩具吗？错……瑞妈要推荐的是消毒锅。

消毒锅，小资妈咪必备武器！虽然你也可以用个大锅子烧开水消毒，但，还是专业消毒锅更安全哦。瑞妈用的是蒸汽式的。消毒锅常常消毒的当然是奶瓶奶嘴，可是，通常来说，这个时期宝宝的抓握式小玩具，长牙时的婴儿口胶玩具，都应该每天消一次毒哦。所以，才需要消毒锅：打开，扔进去洗好的物品，加水，关上，按下开关，稍候片刻，消毒完成！

专家咨询室

宝宝成长中关于抓握能力的时间表：

1～4个月的宝宝

提示：此时宝宝体验触觉的抓握能力还不显著。激发宝宝探究物体与关注物体的兴趣是体会各种触觉的基础。宝宝仰卧时，在床边悬挂距离宝宝较近的玩具，摇摆玩具，引发宝宝的关注。宝宝仰卧时，妈妈拿着镜子让宝宝照，激发宝宝触摸镜中自己的愿望。

利用玩具声音变换方向吸引宝宝的注意 。

4～7个月的宝宝

提示：此时宝宝的抓握能力初步展现。促进宝宝抓握能力的发展能为宝宝体验触觉获得更多的机会。明确指示宝宝将悬挂在床头或者床尾的玩具抓住。在宝宝面前，妈妈手持宝宝喜欢的玩具，但别立即给他，鼓励他自己来抓握。在宝宝面前吹泡泡，鼓励小宝宝碰破泡泡。为宝宝提供具有不同质感的识物图卡，例如：毛茸茸的兔子毛皮、光滑的金属质感等，让宝宝任意触摸摆弄。用布书为宝宝讲故事，鼓励宝宝触碰布书的各个细节，例如：纽扣、拉链以及毛线编织的小动物尾巴等。提供不同材质的布或地毯，让宝宝自由爬行。

18.掏鼻牛儿的人

瑞瑞出生第78天

给瑞瑞洗澡，是每天的大事之一。老抱有一次来，参观了整个过程后，宣布自己也想要一个小娃娃来玩玩了。

前天大前天我因为有事，都没给他洗，帮瑞瑞洗澡的阿姨，不敢像我一样，替瑞瑞清理鼻牛儿。没错，全家敢对瑞瑞的鼻子动手的，也只有瑞妈我一个而已！

今天洗前就要给他搞，他不愿意，

哭，但听起来哭声也像是堵住一样。没有办法，将棉签搞湿伸进去转，因为他的鼻牛儿干，用吸鼻器起不了什么作用。但后来百般无奈之下，只好用吸鼻器试试看，结果，他一个喷嚏，我们全都看见一大块鼻牛儿从鼻眼里窜出头，又飞快地缩了回去……

在三个人的努力下（一个抱头，一个拉手，我动手掏），为瑞瑞掏出了两大块鼻牛儿，实在是太有成就感了啦平生第一次，是因为两块鼻牛儿而有成就感的！

另外，今天洗澡要给他洗后背时，扶他起来，以往，他都会把他的大头靠在我的手上，今天，他竟然一点都没有靠过来，他的头真的，完全地立住了！

他长大了，他正在长大……

妈咪的育儿经

每个妈妈都会为宝宝的鼻涕费心。

推荐利器

吸鼻器……不是！反正瑞妈觉得，用处不太大。也许是瑞妈一直没学会正确使用吧。据说，吸鼻器，应该用来吸液态的鼻涕。现在市面上最常见的是个带着嘴的小橡胶球。

反而是棉签，实在是清理鼻牛儿的利器。但是注意！这次就是要买那种宝宝专用的棉签！非常非常细的那种，才可以使用哦。绝对不要试图用一般的棉签做这种事！因为对于宝宝的鼻子来说，它们都太大了！

还有，再次提醒，隐形眼镜的药水可以当生理盐水，用它先湿润一下棉签吧。

当然，也可以尝试用贝亲的小镊子，夹出鼻牛儿。采取行动之前，最好往宝宝的鼻腔里喷些水，经过软化的鼻牛儿更容易往外夹哦。

专家咨询室

从宝宝的鼻涕里也可以看出很多事情哦。正常情况下，宝宝的鼻涕颜色呈淡黄色。

如果宝宝鼻子里鼻涕很多，刚擦过马上又流出来，并且鼻涕澄清，或干结后鼻屎堵住鼻孔，宝宝只能不停地用嘴呼吸，这时就要提高警惕，宝宝可能患伤风感冒。还在吃奶的宝宝常常吃几口奶就停一会儿用嘴呼吸一下，或者边吃奶边哭，很可能宝宝鼻子被鼻涕或鼻屎堵住，应用吸鼻器将鼻涕吸出。如果鼻子里流出的鼻涕有臭味，带血丝，鼻子肿胀并有压痛感，很可能宝宝的鼻子内有异物，这时一定要去看医生了。

另外，要提醒家长的是，宝宝的鼻腔分泌物较多，同时，其鼻腔通道又很狭窄。如果鼻子里的鼻涕不及时处理，再吸入空气中的尘埃和固体微粒，就很容易变干，形成鼻屎，时间久了，鼻牛儿越变越大，就会堵住宝宝的鼻腔。为了防止这种情况，宝宝的鼻涕鼻屎都应该及时清理哦。

19.屁大的事

瑞瑞出生第87天

喂了瑞瑞，抱他在怀里哄他睡觉。

他微微合眼，表情安详。

然后，放了个屁，一个很响很大的屁，大到我都能感觉到这个屁的震撼，那已经不能用震动来形容了。

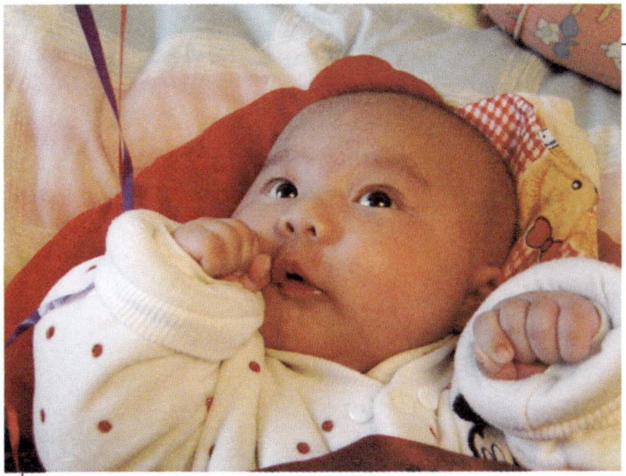

说时迟那时快，我正低下去看时，瑞瑞的眼睛飞快地张开朝我看了一眼，又合上了。

狡猾，太狡猾了。

说起来，我是很久以后才知道，手术后病人能顺利放屁，似乎是手术情况良好的一个象征。我想象手术后，病人虚弱地躺在床上，旁边围满了屏息静气的亲友，忽然之间，随着一声屁响，大家顿时欢欣鼓舞……以上想纯属虚构，如有雷同，概不负责。

但屁之重要，由此可见一斑。所以当我惊讶地发现，还不到3个月的瑞瑞竟然如此会放屁时，我决定把它当成一件好

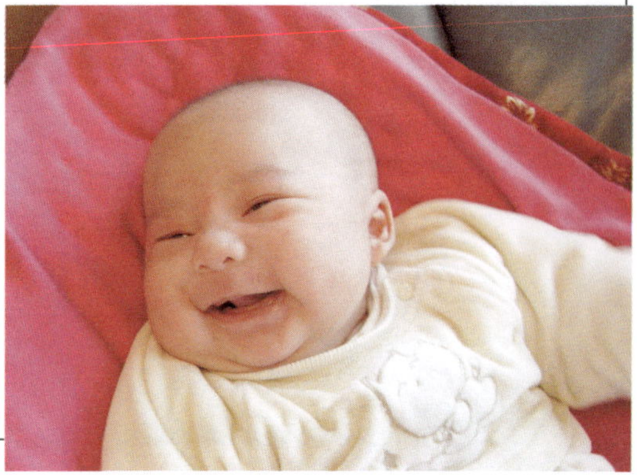

事。瑞瑞的屁非常有质感，尤其当我抱着他的时候，隔着衣服、小被子，都能感受到那一下震动。而瑞瑞这个时候的表情都很愉悦，一点儿也没有难堪的样子。也许当有一天，他开始为当众放屁而害羞的时候，就是他长大的时候吧。

妈咪的育儿经

一直到3周岁多了，瑞瑞仍然没有任何为自己随时放屁感到难为情的想法。

如此想想，孩子真是幸福啊。

可以随便放屁……想放就放……

关于屁，瑞妈我没有更多话可说了。就这样。

专家咨询室

至于放屁到底是消化良好还是消化不良，这有两种情况，你可以仔细观察一下宝宝，在放屁的时候，宝宝有没有不舒服的表情和表现，有的宝宝在放屁的时候身子会扭动，像不舒服的样子，而且小脸也憋得很红，这就有可能是消化不良。如果宝宝放屁的时候并没有不适，很轻松，那就不用担心，这是宝宝的消化系统运作正常的表现。

还有一种可能是宝宝在吃奶的时候吸进了一部分的空气，如果把空气吸进去，就要通过放屁把它排出来。

20.浮屎若梦

瑞瑞出生第83天

作为一个刚刚出世还不到百天的婴儿，瑞瑞每天要做的事也不算少，其中最重要的是两件大事，洗澡，嗯嗯。

瑞瑞喜欢洗澡，但我估计他不太喜欢

嗯嗯，因为他一天拉一次，每次都面带痛苦之色，在奶奶的怀里，用力许久，才拉下一点。对了，在我们家，每个人都有专司的职业，奶奶是专门给瑞瑞把嗯嗯的，妈妈是专业为瑞瑞洗澡掏鼻牛儿的，爷爷和爸爸就专管闲了抱抱瑞瑞逗他玩一会儿。由此可见，奶奶和妈妈肩负着多么重要的担子。

在瑞瑞之前，我根本没有想过有一天，我会对一个人的嗯嗯产生这么大的兴趣。他拉出人生中第一次嗯嗯的时候，我们全家奔走相告，欢欣鼓舞，不知道的人还以为我们家中了多大的彩票呢。那次嗯嗯色泽深黑像一堆湿湿的沙子，我想，我永远都不会忘记那个样子。在娘家坐月子的时候，有一天想替瑞瑞换尿片，又不知道他到底拉没拉，我顺手伸进他的尿片里，果然摸了一手嗯嗯，当下高兴地喊外婆来看：瑞瑞拉了！大家又洗又换，观察了他的嗯嗯，并且断定他身体无比健康。忙完了，才惊觉，我刚才摸的是什么天啊，我是那样心甘情愿！那段时间，家里人聚在一起，谈话通常这样开始“瑞瑞今天拉过了呢”，或者“瑞瑞今天还没拉，可能快了”……

了解宝宝的健康，嗯嗯正是少数几个中介之一。

嗯嗯也是有尊严的，我最喜欢的“屎捞人”系列里，有一本叫做“浮屎若梦”的书。瑞瑞出生之后再去翻看它，心中增添柔情无数。

妈咪的育儿经

相信瑞妈，大概会有很长一段时间，一家人坐在一起，很可能是吃饭的时候，会以宝宝的吃喝拉撒为主要话题。特别容易提到的就是“啊，今天宝宝拉过了……拉得怎么样……这样那样……”

请一定要习惯，并且以此为乐哦。

另外，瑞瑞是吃奶粉的，据说是因为这个原因，他的大便从很小开始，就是成形的干干的。而吃母乳的话，就会比较湿，不太成形，一天也会比较多次。

专家咨询室

新生儿出生后三四天内所排出的大便称为胎粪，呈墨绿色、黏糊状，以后由于婴儿采用不同的喂养方式，大便性质也有所不同。

出生后采用母乳喂养的宝宝，大便呈金黄色、软膏状，略带酸性，每天排便4～8次。只要宝宝的大便性状良好，妈妈不必担心。

如果大便有下列情况，则属于异常，应当引起重视，并尽早请医生诊治：

（1）大便呈黄色水样、蛋花汤样、绿色水样；

（2）大便中含有黏液、脓液及血液；

（3）大便的表面附有鲜血；

（4）大便呈果酱样、柏油样；

（5）大便呈石灰样，或大便呈淡黄色，发亮，而且在便盆中可以上下滑动等。

另外，人工喂养的宝宝的大便会根据不同品牌、不同配方的奶粉而发生改变，一般比较容易便秘，应给宝宝多补充水分。

21.第一次吃米粉

瑞瑞出生第97天

瑞瑞今天第一次吃米粉。

我经验不足，没调好，喂他吃，他大哭。后来奶奶出马，把奶和米粉用微波炉加热了一下，果然好多了，再喂，在最初的不适应之后，他开始吃了。

这是在瑞瑞人生中，第一次吃米粉哦！他显然不太适应，但是，瑞瑞，没办法啦。我们的人生，就是经由这样一次又一次的第一次累积而成的啊。

你还有很多很多第一次要开始呢……

你会第一次吃菜，第一次吃肉，第一次喝酒（我为什么总是想到吃），好吧，还有，第一次走路，第一次说话，第一次唱歌……

真高兴，你的很多第一次，我都可以和你一起分享，对我来说，那也是很多很多个第一次。

真好，妈妈可以重新开始，这么多的第一次。

妈咪的育儿经

其实婴儿辅食选择，如果是买现成品，那就一点儿也不多了。米粉牌子目前超市里最主要就是亨氏和贝婴美。瑞妈觉得贝婴美的特别好调，而且小包装的，带出门方便。

而亨氏的特色是各色婴儿辅食罐头，一开始的时候，瑞瑞特别喜欢吃他们家的青豆泥。不过，婴儿罐头的价格还蛮贵的，做备用和出门带着还可以，长期食用，划不来。另外，不知道为什么，瑞妈永远不能把亨氏的米粉调到最佳状态。这个很令人抓狂啊。

推荐利器

新鲜菜！蛋！蛋是一定要的。另外，深海鱼对小婴儿来说是个好选择。三文鱼蒸熟，刺少肉厚营养丰富，非常适合小婴儿。有不少妈妈也向瑞妈推荐过奶酪。超市里有专门的婴儿奶酪。但瑞瑞不喜欢。

老年人喜欢给婴儿吃的荷花糕，瑞瑞好像没怎么吃过。米粉倒是吃了很久。

专家咨询室

宝宝何时适宜开始吃辅食呢？大多数医生认为，这应该由婴儿本身的健康及生长状况来决定。当宝宝的头、颈部已经可以挺直，同时吞咽的功能也愈来愈协调，不像新生儿会把舌头上的食物吐出来，再加上其消化系统中的分解酵素，足以消化不同种类的食物，一般而言，满4个月的宝宝就可以开始吃辅食了。

通常宝宝会开始显露出对大人食物的兴趣，但也有些宝宝并不肯吃辅食，可以等他长大一点，约五六个月大再开始喂食亦无妨。此时若宝宝还是对辅食不感兴趣，父母亲就需要多付出一些耐心与爱心，多试几次，想尽方法哄他吃下去。

22.百分百男孩

瑞瑞出生第100天

今天，瑞瑞满100天。

中国人可是讲究“百日”的，“100”是个迷人的数字，不晓得还有别的什么原因？是不是因为3个月大的小孩子，基本上已经成个人形了？不是说他以前没有人形，之前他软软的，老让人觉得抱都抱不住，过了3个月，长得硬朗起来了，竖着抱在手里，他的头可以稳稳当当地立着，还好奇地四下张望，看起来实在是很像样了。据说这个阶段的小孩子肠胃功能也慢慢发达了，我去超市给瑞瑞买吃的，营业员同我说，过了100天就好喂啦，过了100天，就可以开荤了！

听起来，这个日子真的很隆重啊。今天就是瑞瑞满100天的日子，不过这么隆重的日子，我们却随便地就过掉了：我开始上班了，而瑞瑞今天仿佛特别爱睡觉，我走的时候他在睡，我回家了，他又是刚刚睡着。这样也好，他在梦里微微地笑，留出大把时间给我，可真是个好孩子。

瑞瑞，原来，你是妈妈的，百分百男孩。

妈咪的育儿经

对于大部分妈妈来说，宝宝百日的另一个意义在于：按照国家产假规定，差不多这个时间，你也开始上班了。

但是你的生活重心却和宝宝出生之前，完全不同。

再热爱工作的人，在这个时候，也永远觉得自己归心似箭。

但是，宝宝开荤了，你也应该和他一起慢慢长大了。

要记住，你可是宝宝的依靠呢。

你放弃了和宝宝相处的时间来工作，那如果这个时间不好好工作的话，就不是对不起工作，而是太对不起宝宝了。嗯，觉得瑞妈在说教吗？其实不是啦，是我们要先说服自己安心工作……才可以保持最愉快的心情啊。

专家咨询室

满3个月时，身长较初生时增长约1/4，体重已比初生时增加了1倍，男婴体重4.1～7.7千克，身长55.8～66.4厘米；女婴3.9～7.0千克，身长54.6～64.5厘米。

到这个月末时，他的腿甚至可以踢到自己的头了。他会仔细看自己的小手，双手握在一起放在胸前玩。但这时他的手眼不协调，显得笨拙，常常够不到玩具。手的动作发育也称之为精细动作的发育，大约在此时随着握持反射的消失，孩子开始出现无意识的抓握，这就标志着手的动作开始发育了。

在听觉上，发展也较快，已具有一定的辨别方向的能力，听到声音后，头能顺着响声转动180度。在语言上也有了一定的发展，逗他时会非常高兴并发出欢快的笑声，当看到妈妈时，脸上会露出甜蜜的微笑，嘴里还会不断地发出咿呀的学语声，发音增多，开始发不同单音，能发出清晰的元音，如啊、噢、呜等。

此时孩子的视觉会出现戏剧性的变化，这时孩子的眼睛更加协调，两只眼睛可以同时运动并聚焦。能追随色彩鲜艳的物体移动视线。

到第3个月末时，孩子可能已经学会掌握用 微笑 谈话，有时他会通过有目的的微笑与你进行 交谈 ，并且咯咯笑引起你的注意。会模仿你的面部运动，你说话时他会张开嘴巴，并睁开眼睛，如果你伸出舌头，他也会做同样的动作。

第3章 那小子真帅

（4个月到1周岁）

原来，每一种新奇味道，
都会让那张小脸露出不一样的表情。
原来，
婴儿的第一颗牙齿是这么珍贵而可爱的存在。
原来，
真的有这么一个人，他生病的时候，痛的是你的心。“请让我代替他生病吧”这样的想法，
原来会这么自然而然地出现在你的脑海里。
原来，
被他依赖，被他呼唤，被他注视，竟然都是这么巨大的幸福。
原来，这就是血脉相连的感觉。
原来，这一年就这么过去了，
这么漫长，又如此短暂。

1.瑞瑞抓我啦

瑞瑞出生第117天

昨天晚上去喝朋友的喜酒，换好衣服和瑞瑞告别。

他在怀里，听到瑞妈的声音，转过头来看我。

看得很认真，看了一会儿，伸出手来摸我的脸。

这是他第一次表现出主动的模样，有意识地去抓一样东西……而且那样东西竟然是瑞妈我耶！

妈咪的育儿经

前面一直都忘记说了，每天，都记得，要让自己很干净哦。特别是你的手。因为，你会用手碰宝宝，拉宝宝，逗宝宝……

说起来，可能是“不干不净，吃了没病”，但每天进家门先洗手，还是一件必需的事呢。

专家咨询室

到三四个月左右的时候，宝宝已有了无意识抓握东西的动作。因此，爸爸妈妈就应把握住这个机会，充分利用适当的玩具和物品，发展宝宝的抓握能力，从而促进宝宝的智力发展。

（1）训练五指分工抓握的能力。宝宝刚开始出现抓握动作时，只会用整个手掌抓握。这时，父母可协助孩子学习拇指与其余四指对立的抓握动作。如对4个月的宝宝可以把能发出声响的玩具拿到孩子面前让他去抓；5个月时，让宝宝练习抓身旁的或面前的玩具，再以后可训练孩子双手玩弄玩具或物体等能力。这

推荐利器

其实，大人的手指头，也是宝宝很好的玩具哦！

当宝宝会得紧紧握住你的手指头，这种感觉……就是幸福呀。

种抓握训练，对促进宝宝的手眼协调的发展非常有帮助。

（2）训练抓握各种物品的能力。训练孩子按照物体的不同形状、大小或位置，变换手的姿势进行抓握的技能。如：拿球时让宝宝把五指叉开进行抓握；通过拿线或绳之类的东西，训练孩子用拇指、食指和中指的指尖抓握的能力。

2.不想吃奶粉了

瑞瑞出生第122天

瑞瑞这几天对吃奶粉有抗拒。

吃之前都会作很久。看到奶瓶就有点不高兴，真不知道为什么。

据母乳喂养的朋友说，她的宝宝从来不喜欢奶瓶，所以她还蛮担心断奶这件事的。

可瑞瑞从小就吃奶瓶里的配方奶，怎么也会这么不配合呢？

想起来还有一个没拆开的另一个牌子的奶嘴，装上给瑞瑞试了一下，还是不行。

不过，蛋黄什么的，倒还是吃得不错。但不是说这么大的宝宝，还是应该以奶为主吗？

妈咪的育儿经

好吧……我承认，直到整理日记的今天，我才知道，当时瑞瑞不爱吃奶是“婴儿厌奶期”……不过，当时有一点我们一直都做得不错，就是，给瑞瑞吃不同口味的辅食。

基本上，瑞瑞的胃口，一直还蛮不错的。这和奶奶、外公不断花心思给瑞瑞变化食物花样，有很大关系哦！

推荐利器

贝亲专用婴儿勺。给瑞瑞试过无数种不同的勺子，最后在蛮长一段时间里，还是用这一种的。有两种尺寸，勺子部分是有点弹性的软软的感觉，很适合给宝宝用。

专家咨询室

4个月大的宝宝不爱吃奶是正常的，因为这个时候宝宝的感官系统发育较出生时更为成熟，他开始对周遭的环境及大人的食物产生高度的好奇心，对配方奶已渐渐失去兴趣，这预示着宝宝已经进入了“婴儿厌奶期”。 厌奶期一般持续的时间，从1～2个月到半年的时间里，都算是正常范围。宝宝在每一阶段的成长过程，都有其特性，厌奶期就是这样。这个时期，只要体重及发育正常，家长就无须过分担心。

在厌奶期里，家长应该做的是：添加辅食，可以试着从米、麦粉开始添加。因为这样做不仅可以补充宝宝的营养，还可以训练宝宝的咀嚼能力。在喂食时，给宝宝营造一个安静的进食环境，因为这个时候的宝宝是标准的“好奇宝宝”，容易因分心而忘记吃奶。另外，更换奶嘴、奶粉都可能让宝宝厌奶。特别是更换奶粉的话，要注意不能一下子就换掉哦，应该每次在原来的奶粉里加一勺新奶粉，逐渐增加新奶粉的量，直到宝宝完全适应新奶粉。

3.瑞瑞发烧了！

瑞瑞出生第144天

12:30:54

瑞瑞发烧了。低烧。医生说，就是刚刚算发烧的那种。

已经足够让我心慌。

一直很听话的他今天上午不肯吃东西，哭，非常非常伤心地哭。

我想他一定很难过，可我帮不上忙。

做一个婴儿，也很痛苦吧，因为他的感受，我们体会不到。还好瑞瑞是个坚强的孩子，我想晚上回家的时候，应该会看到他的笑容。

今天终于踏进传说中的儿保，人真的很多，小孩子哭闹的声音响彻宇宙。

看完病一共花了六十几块钱，比想象中好很多，我还以为会很贵很贵。

总之，今天心情非常之不爽。

23:18:29

瑞瑞发高烧。

一定很难受，因为他一直在哼哼。

只有抱着他才睡一小会儿，放在床上不出三分钟就一定醒过来哭。

我生病就可以了啦……

第二天14:05:36

昨天一整夜都没能睡，前半夜瑞瑞根本放不下，一放在床上，不出3分钟就哭了。后半夜略好点，差不多能睡个二三十分钟，就会醒来哼哼……要抱起哄……

烧得烫手。

现在已经退了大半了，唉……

第二天20:21:07

瑞瑞今天退烧了，可是仍然咳得很厉害。胃口也一般。

我不知道该怎么办。他会好的，我想。

但是觉得小孩子生病真是好可怜呀。

妈咪的育儿经

瑞瑞有个小朋友叫文文，文文小时候第一次发烧，文文妈硬是没带文文去医院，一直守着文文给他物理降温，结果还真的就退了烧，好了。

瑞妈说这个不是鼓励大家都不要去医院，而是想说，其实，妈妈首先要冷静对待。完全不生病的宝宝……真的很少见。这一点，瑞妈就很羡慕母乳喂养的妈妈了，因为据说母乳喂养的宝宝在半岁以前是不太会生病的，因为母乳里有很好的抗体可以给宝宝。而像瑞瑞这样，喝配方奶长大的宝宝……就不一定了。

尤其是春夏之交，天气本来就忽冷忽热，这个时候，确实很让人困扰呢。另外，要有心理准备哦，宝宝一生病发烧，一定特别粘大人，几个月大的话，就会不喜欢睡床而要大人抱着。这个时候，一定要有耐心哦！

推荐利器

耳温枪。一般情况下，自己在家里给宝宝量体温，其实是件蛮麻烦的事，因为你不可能把体温计像大人一样放到宝宝嘴里，只能在脖子、腋下量，至于用到肛表，瑞妈看只有医院里的医生有这个本事。耳温枪还是很方便实用的一种工具，就是价格稍高。

退热贴。医院里有配，药店里有卖，婴儿用品专卖店里，贝亲也有这种东西。运用物理降温的原理做成的东东，贴在额头上，凉凉的，功能类似凉毛巾，到底有没效果，我也不知道，因为都是好几管齐下的，但是……好吧，很有生病的气氛，以及给你心理上的一种暗示。

专家咨询室

大多数人都以为婴幼儿抵抗力低容易发烧，实际上应该是说，婴幼儿容易感染病毒。人体一旦受到病毒感染，身体会自动产生抗体与白血球，拉高定温点，以抵抗细菌病毒，因此体温会攀升。而对成人来说，许多病毒在小时候都感染过了，当碰到同样的病毒侵袭时，成人较不敏感，但婴幼儿多为第一次碰到病毒感染，所以容易因受到感染而发烧。

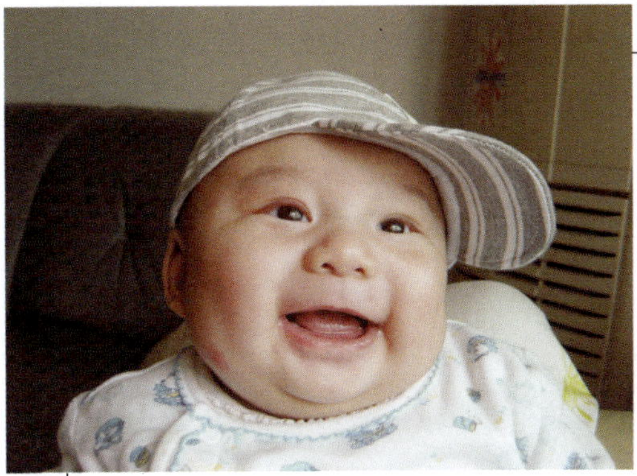

宝宝发烧的时候，可以给宝宝穿轻薄、透气的衣服，而且要大量补充液体，最好将孩子放在盛有温水的浴盆里，用海绵吸水擦拭他的手臂、大腿和身体大概10～15分钟，水分的蒸发会使孩子的身体感到凉爽，有助于体温下降。不过，不要使用冷水，那只会令孩子发抖、哆嗦，使体温升高。也不要用海绵蘸酒精为孩子擦身。酒精的气味会刺激已经生病的孩子。

4.妈妈

瑞瑞出生第145天

昨天，生病的瑞瑞在他爸爸的怀里哭的时候，竟然在哭声中带出了“妈妈”这两个音！

千真万确的！

我和他爹愕然相对。

不过，真的来不及心花怒放，只是心痛。真的有一种“不如我替他生病好了”这样的想法。虽然说这种传说中的想法经常在种种电视剧、小说中看到，但如此油然而生，并且那么真心希望的，在我，昨天是第一次。

亲爱的瑞瑞，你一定要坚强哦……

不过瑞瑞还真是个乐天的孩子，昨天他被瑞爸抱着坐在沙发上，泪眼迷离地抽泣。我坐在一边看着，忽然想和他玩玩捉迷藏的游戏。

没想到在那种情形下，他看到我从枕头后露出脸朝他眨眼，竟然呵呵地笑起来……

瑞瑞，你要加油哦！

妈咪的育儿经

嗯，瑞瑞说话很早。

作为一个男孩来说，他确实是很早开口的。瑞妈猜，这和我们全家人都喜欢对他说话有关……

在做亲子版编辑的时候，专门做过“宝宝几时开口”的专题，有个同事曾说，她们家宝宝开口很迟，后来去查，医生分析说，是因为宝宝平时不需要开口说话，大人们就帮他搞定一切，所以宝宝就没有开口交流的想法。听过后，我特别注意诱导宝宝表达自己的意思，比如，如果想吃东西，就一定要说“好”或者用手势表达……效果很不错哦。当然，这是后话，现在他还完全不能说呢。

专家咨询室

宝宝学话的进程比你我想象的都要早得多。当1个月大的婴儿听到陌生人的说话声时，吮吸奶瓶的速度会加快；2个月大的婴儿大多已开始发出响亮的 啊啊 声向你作出反应，有时还辅以微笑；3个月大的婴儿能分辨出不同的说话声之间的区别，而这正是学习语言的一个最为基础的环节。

6个月以后，小宝宝开始能够用手势、身体或四肢的动作来表达自己的想法了。小宝宝7个月或8个月大的时候，他能发出像 妈妈 、 爸爸 这样的声音来。你可以教小宝宝发出例如像鸭子一样 呷呷 的动物的声音，随后他就会尝试着去说。当差不多满1周岁时，牙牙学语已明显变得频繁、复杂起来，他开始在话语中加入他所知道的音节，并用类似句子的短语把它们拼读出来，你应该知道，他就要开始说话了。到18个月大的时候，小宝宝的词汇将能积累到50个，像谢谢、拜拜这样的话是他最愿意说的。

5.安慰奶嘴的安慰

瑞瑞出生第152天

瑞瑞5个月了。

最近他病一直没好，虽然渐渐有起色，但胃口仍然不好，晚上睡得也不安稳，我也常常跟着通宵不眠。

早上五点，他醒了。

把他放在大床上，和他玩，他张开没牙的嘴大笑。两只手在胸前扣在一起，这是他这个星期新学会的动作，两只手会自己拉在一起了。

但他还不会翻身，也许是因为太胖了。我帮他翻过去，从仰卧变成俯卧。以前他会哭，今天没有。而是努力地动着……不断地把他的小屁屁撅起来……扭

动……非常像要翻回去的样子，但未遂。

他撅屁屁的动作，实在太可爱了。

洗完澡，吃了奶，瑞瑞大概有点儿想睡，但无论怎么抱他他都不舒服，小声哭。

我觉得他可能没吃饱，把他扔在床上，去泡奶。又怕他一个人会哭更大声，顺手拿个安慰奶嘴往他张大了哭的嘴里一放。

奶还没泡完，我回头看他……已经嘬着奶嘴睡着了，那个安慰奶嘴被他用力地一吮一吮……看起来是很卖力地在安慰他……

妈咪的育儿经

瑞瑞差不多快周岁的时候，就忽然不再喜欢安抚奶嘴了。瑞妈之前还有点担心他会一直依赖安抚奶嘴呢！

不过，瑞妈也不是一直给他用这个的，

只是偶尔没办法哄的时候，才会使出这一招。因为瑞妈看到很多图片里，外国小宝宝，很大了还会在嘴里含一个（嗯，也有可能是人家长得大实际上也很小），总觉得这样不好，而且也有说法说，用多了，会让宝宝牙齿长不好。反正瑞瑞就在妈妈最担心的时候，忽然怎么都不喜欢这个东西了。

这么讲的话，真乖。

推荐利器

买安抚奶嘴的话，记得要买和他平时用的奶瓶一个牌子的！这样的话才有他习惯的口感。

专家咨询室

有不少关于安抚奶嘴的争论，其中尤其说到安抚奶嘴虽然可以起到安抚宝宝的作用，但用久了以后，可能会影响到宝宝的牙齿发育。

关于这一点，专家说啦，安抚奶嘴是否对孩子的牙齿造成损害，要根据使用的频率、程度、时间长短判断。如果你的孩子只在1岁以前偶尔使用安抚奶嘴，那就不会影响他的牙齿的发育。但是如果你的孩子是一个安抚奶嘴的狂迷者，那就要小心他的牙齿了：出牙的时间可能会比正常的晚，或是牙齿长得不整齐，以及出现两个牙齿重叠等现象。所以要让孩子正确使用安抚奶嘴，尽量让孩子在1岁以后不再使用安抚奶嘴，可以为他选择其他的安慰物。

另外，安抚奶嘴除了有安抚作用外，还有助于让宝宝学习用鼻子呼吸。欧美一些专家研究发现：孩子使用安抚奶嘴的过程中，能让他养成闭口的习惯，自然就促使他学着用鼻呼吸。不过，仍然要注意，1岁以上的宝宝，已经学会用鼻子呼吸啦，就不是一定需要安抚奶嘴了。

所以，正确使用安抚奶嘴，是有好处的，但要注意的是，宝宝2~3周以后才能使用安抚奶嘴，而1周岁以后，就应该戒掉。

6.万恶的蚊子

瑞瑞出生第160天

瑞瑞被蚊子咬了！

这还了得……马上扑到店里找到了婴儿用的驱蚊水，还有同事推荐的电子驱蚊器……总之，恨不得把市面上所有卖的与婴儿驱蚊有关的东西都买回来。

让我纠结的是，要不要点蚊香啊？现在的蚊香味道这么冲，我都不喜欢闻，对瑞瑞来说，也是很难闻的吧？所以，只有蚊香，没买。

最后还买来一个婴儿专用小蚊帐，像个小帐篷，折起来可以收进包包，这样无论瑞瑞在哪儿午睡，都可以让他睡在这个小帐子里。当然晚上还是要睡在床上的……

妈咪的育儿经

那个像小帐篷一样的宝宝蚊帐，真的是非常好用的一样东西。不过，只能用一季。就是在宝宝的第一个夏天用，因为到第二个夏天，宝宝就已经太大了。

这个东西最方便的是带宝宝出去做客啊，或者平时他要小睡片刻，把蚊帐一撑，他就安全地呆在小篷子里面了。

而所有买过的防蚊液什么的，瑞妈觉得好像都没太大用处，蚊子好像是挑人的，瑞妈和宝宝都是最容易被蚊子挑到的那一种。

就像专家说，防晒最有效的手段是物理防晒一样的，对付蚊子也只能物理防蚊用蚊帐把蚊子挡开。

推荐利器

蚊子真的是夏天最让人抓狂的一件事。有一次瑞瑞外公外婆去泰国玩，带回来一种清凉油，他们管这个叫“5号”，小小的一罐。在所有用来消蚊虫叮咬肿块的东西里（奶奶介绍说口水不错），这种是最灵的。如果刚被咬过就抹上这个，连包都不太会起。

专家咨询室

婴幼儿防蚊最好使用蚊帐。

蚊香的主要成分是杀虫剂，通常是除虫菊酯类，其毒性较小。但也有一些蚊香选用了有机氯农药、有机磷农药、氨基甲酸酯类农药等，这类蚊香虽然加大了驱蚊作用，但它的毒性相对就大得多了。一般情况下，婴幼儿房间不宜用蚊香。

电蚊香的毒性很小，对一般成人来说是无害的，但对婴幼儿还是尽量不用为好。因为婴幼儿的新陈代谢旺盛，且皮肤的吸收能力也强。最好也不要常用。如果婴儿房间使用电蚊香时，尽量放在通风良好的地方，不要长时间使用。

特别要注意的是，婴儿房间禁止喷洒杀虫剂。婴儿如吸入过量杀虫剂，会发生急性溶血反应、器官缺氧，严重者导致心力衰竭、脏器受损或转为再生障碍性贫血。因此，婴幼儿房间最好采用物理方法避蚊，如纱门纱窗、蚊帐等。

在室外可以给宝宝涂沫婴儿专用的防蚊液和驱蚊花露水。

7.在浴缸里游泳

瑞瑞出生第167天

瑞阿哥今天游泳了。

在浴缸里。

放了满满一缸水，在瑞瑞脖子上套了救生圈，结果，放他下去的时候，可能因为水比他平时接触的深太多了，而且地方也不熟，他把腿一缩，大哭起来。

哄他，但还是坚定地把他放进去，让他仰躺在水里，他很快止住了哭，虽然没有表示出很开怀的样子，但就第一次而言，不错啦！

他就在水里漂来漂去，漂来漂去……

另外，这几天，他学会一个新动作：用嘴发出“卟卟”的声音，嘟着嘴，乐此不疲，只见口水四溅……

昨天还训练他引体向上来着……

妈咪的育儿经

嗯，所有的专家都说婴儿游泳好处多多……不过，瑞妈要说句实在话，这个给宝宝游泳也是要有条件的……现在提供宝宝游泳的服务机构很多，价格倒不是最大的问题（当然反正不便宜），关键是，都很麻烦。

而在自己家里玩水，也就浴缸了。但是浴缸太浅了。而塑料泳池，需要一个大房子。所以真可惜，瑞瑞其实没游过几次泳。

推荐利器

婴儿泳池对于够大的家庭来说，是很好的东西，另外，当然请一定准备好婴儿救生圈，就是套在宝宝脖子上的那种。另外请记住，不要超过15分钟。水温室温都要调好。

专家咨询室

让宝宝在家里游泳要注意下面这些事情：

泳疗器材：选用合格的婴儿游泳器材是家庭婴儿游泳安全的保证。

室温：室温须确保28℃以上，特别是3个月以内的婴儿，如果室温达不到要求，易导致宝宝受凉而呼吸道感染。

水温：控制在38℃左右，新生儿的体温调节中枢不完善，水温过高或过低均会对宝宝造成不利影响。2个月以上的正常婴儿，可酌情下调水温，建议2个月以上的婴儿，每增长一个月，水温可酌情下调1℃。

游泳时间：婴儿游泳的时间一般在15分钟左右，具体情况视宝宝的体质和月份而定，以宝宝在水中游得快乐而又不疲劳为原则。

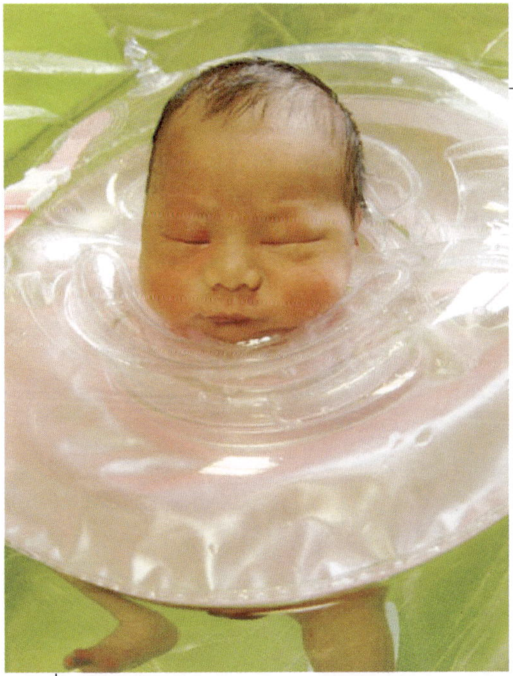

8.背包妈咪

瑞瑞出生第167天

下午又带瑞瑞去西湖天地星巴克了。

特地给瑞瑞穿了三件套的衣服：小小的爬服，上下两件的外衣。很帅！我很喜欢给瑞瑞穿爬服，换尿不湿方便，也不担心衣服穿不服帖会卷起来让肚子着凉。

我用一个婴儿背袋把瑞瑞挂在胸前。瑞瑞已经太重，如果一路抱的话，实在是抱不动的。婴儿车又很麻烦。

这个造型，很像一只袋鼠。但我把瑞瑞脸朝外挂在胸口，他可以看到很开阔的景色，显然他也很喜欢这样呢。

去湖边逛的时候，被N个女人追看，有个女人已经走过了又奔回来再看瑞瑞，被男朋友劝了好几次“快走了啦”，她还不肯走，要摸瑞瑞……好啦好啦……露在外面的手手脚脚让你摸啦！

从上周开始，瑞瑞就学会自己捧着奶瓶喝奶了，超可

爱的。今天在星巴克，对杯子发生浓厚兴趣，想摸，我把快喝完的杯子放到他手里，他抱着就啃……后来我不让他啃，放在桌上……结果……临走的时候他狠狠地踢了那个杯子一脚……

不过今天他在外头都没有笑……无论怎么逗他都很冷酷……也不哭……就是看啊看啊……不笑……就是不笑给人家看……

妈咪的育儿经

永远不要以为只带宝宝出去一小会，就不做万全的准备。出门前看一下清单：尿不湿。湿纸巾。一套备换的小衣服。奶瓶奶粉。

另外，商家不要打我……瑞妈要说，不要相信保温筒有用！就是那种用来保温奶瓶的保温筒。它的保温效果大概只有半小时到一小时。要么就是瑞妈买的不够好，但瑞妈已经买了名牌了。最好的办法是带一瓶凉开水，然后在宝宝万一想喝的时候，找附近的小店、商家要一些开水兑上。瑞妈还没有碰到不肯在这个时候提供开水的人……

推荐利器

又要推荐一样好工具哦：婴儿背袋！

其实很多妈妈应该也想过要用这个东西带宝宝出门，但可能会觉得用这个有点怪，所以尽管觉得可以用，但还是不怎么用。事实上真的很方便，如果像瑞妈一样，把宝宝脸朝外挂在胸前的话，宝宝可以看到很多东西，同时你的两只手也可以解放出来！

不过，挑这个的时候，还是要挑品牌的，比较结实的产品。最好保护的地方多一点，有背撑，颈撑。毕竟……它是用来装宝宝的袋了呀。安全第一哦！另外，不用怕别人看你啊，你自己舒服就好了。对于像瑞瑞那样的超重宝宝，这个东西真是好帮手。

专家咨询室

宝宝出门一定要记着带下面的东西哦：

吃：

0～3个月

喝配方奶的宝宝，应准备1～2餐所需的奶粉量，分装在奶粉盒里。

4～6个月

辅食、小点心、热开水。开始吃辅食的宝宝，也应准备1～2餐分量的辅食，例如一餐份的米、麦粉，也用奶粉盒分装好。如果是去公园，还要准备热水冲泡米麦糊或配方奶用。

喝：

温开水。吃配方奶的宝宝，应该额外再准备一小杯的温开水。

拉：

尿不湿、湿纸巾、尿布垫。母乳的宝宝一天便便的次数会比人工喂养的宝宝多，半天的行程应该至少准备5～6片尿不湿。配方奶宝宝也应该至少准备3片尿不湿，随着宝宝便便的次数减少，月龄越大，可以减少携带尿不湿的片数。换尿不湿时，将尿布垫垫在宝宝的身体下，任何场合都不怕弄脏。

另外，除了根据天气带备用的衣帽外，比较干冷的冬天，建议带上婴儿油或者凡士林，滋润宝宝柔嫩的皮肤。

最后，即使在冬天也要帮宝宝做好防晒工作，必要时涂抹少许宝宝专用的防晒霜，或者利用推车的顶罩、伞等工具给宝宝防晒。

9.传说中的痱子

瑞瑞出生第173天

因为瑞瑞从出生第一天到现在，几乎都是天天洗澡的，所以特别干净，皮肤一向很好。

不过……杭州的天气也太热了。热到瑞瑞终于在身上出现了几个小红点。

莫非……这就是传说中的痱子？

奶奶不晓得从哪里看来的秘方，昨天煮了一大锅丝瓜皮汤，说是把这个加到水里给瑞瑞洗澡，就会好一点。

嗯，看上去，好像是有点儿用……

妈咪的育儿经

天天洗澡，绝对是件好事情。这个习惯差不多一直坚持到他快到3岁的时候。那时他已经在上幼儿园，又到冬天了，但还是两天洗一次。所以瑞瑞身上，一直是很清爽的。

但是痱子粉这件事，就很有争议。

据说，也有专家不赞成用痱子粉的。关于这件事，正反双方都有人支持。但是瑞瑞确实没怎么用痱子粉。不过，在洗澡水里加一点花露水啦，丝瓜皮汤啦，姑且不论有没效果，反正没啥坏处就是了。

专家咨询室

痱子是由于出汗多，汗液排出不畅潴留于皮内引起的汗腺周围发炎。炎热夏季当较胖的孩子大哭大闹、或较长时间抱着孩子时，很容易生痱子。长在面部、颈部、躯干、大腿内侧、肘窝处等部位的白痱子、红痱子、脓痱子，可继发感染成疖肿。防痱子最主要的是要保持皮肤清洁卫生，勤洗澡，较热的天气，一天可洗1~2次，可在水中放入适量杀菌消炎止痒的中药。洗完擦干后，在孩子的前胸、后背、额头、颈下擦些痱子粉或花露水，切记洗澡或出汗后不要立即进入开着空调的房间，更不要直接吹电风扇。平时注意室内要通风，在阴凉的地方玩耍；孩子的床上要铺纯棉床单，不要让孩子的皮肤直接接触凉席，以免汗液刺激皮肤；衣服不要穿得过多，不穿化纤衣物；睡着后要定时给孩子翻身、擦背。

受不了的是瑞爹。他逃到书房去睡了。

哼，我觉得其实他最受不了的，是半夜老是被瑞瑞吵醒吧。

找了一件我以前穿旧的小T恤，晚上瑞瑞睡觉时，套在他身上当睡衣。这是从网站上看到的办法，不错。

10.从18℃到26℃

瑞瑞出生第178天

瑞爹是个胖子。嗯，瑞妈我也是个胖子。

胖子都怕热。所以在过去的几年里，我们的房间，一到夏天就把空调打到最低。最低嘛，就是18℃度，虽然其实是不可能真的低到这个温度，但看到那个数字，就觉得蛮爽了。

然后，我们就在18℃的气温里，盖着薄被子度过夏天。好吧。其实是我盖被子，瑞爹啥也不盖。

但是今年不一样了。瑞瑞睡在边上小床，肯定不能再到18℃，现在我都是把温度调到26℃。

妈咪的育儿经

到夏天的时候，所有家长关注的问题不外乎是：好不好用空调的啦？长痱子怎么办啦？蚊子多怎么办啦？这个怎么办那个怎么办啦……

关于空调，我特别问过小儿科医生。当时的那个医生是这么讲的：这么热，不用空调就太热了！

好吧。保证通风，每天洗澡。如果汗湿了宝宝衣服，请马上就换掉……另外，瑞瑞的第一个夏天，瑞妈仍然都给他穿爬服，这样的话，他的小肚子一不会着凉，二不会被带子勒住。而且，那种短袖的爬服，真的有很多非常非常好看的样子！

推荐利器

妈妈的旧T恤！找一件全棉的，穿旧的T恤，套在宝宝身上当夏天的睡衣，是很棒的选择哦。

专家咨询室

在夏天使用空调的时候，首先，空调的温度应该控制在25~28℃，不能太冷。其次，空调的风速不要过快，不能让宝宝站在风口下，容易感冒。另外，开空调的房间，要经常通风，最好不要整夜都开空调哦。最后，开着空调的房间，往往很干，应该注意房间的湿度，最好放一盆水或者放一个加湿器。而且，空调一定要定期清洗，因为它的滤网上，会有很多可能导致宝宝过敏的杂质哦。

还有要注意的是，不要让宝宝突然感受到过大的温差。比如在开空调的房间里睡了一夜后，早上起床应该把空调关了，待室内温度逐渐升高，与其他未开空调的房间温度接近，或与室外温度接近后，再将宝宝抱出房间。

宝宝不能长期生活在空调房里，每天清晨和黄昏室外气温较低时，一定带宝宝到户外活动，呼吸新鲜空气，加强身体的适应能力。

11.瑞瑞坐得很棒了

瑞瑞出生第190天

惊喜地发现，瑞瑞在完全没有依靠的情况下，也可以坐住了！

他自己也是很惊喜地坐在那里，笑眯眯笑眯眯。

不过……很快就倒下啦！

七坐八爬，很标准啊！

现在我们多了一个游戏了：不倒翁！

把他扶起来……倒下去……扶起来……倒下去。

妈咪的育儿经

好吧，瑞妈自己也没想到，有一天会为一个人会“坐”而欣喜若狂。这种感觉实在是……太奇妙了。

要提醒大家一件事，这个时候的宝宝，会是最上镜的哦！因为……他还只会坐不会爬，你只要把他放在那里，他最多朝你挥挥手而已，是不会乱动的……快去拿相机！等到他会走的时候你就知道，你那个小相机完全派不上用场了……

专家咨询室

能够自由地抬头是婴儿独坐的先决条件。满月的婴儿当被扶至坐位时，常常头向前垂，背始终是弯弯的，直不起来。3个月的婴儿被扶坐时，头能抬起一会儿。5个月的婴儿被扶成坐位时，头就稳多了。到了6个月，婴儿能在较硬的木板床上独坐一会儿，但有时两手还要在前面支撑着，否则就会左右摇晃。此时，坐在婴儿车里已不成问题。7~8个月时，婴儿不用手支撑也可坐得稳稳当当了。9个月时，能独坐10分钟，两只手可以自由玩耍，拿取玩具，身体前倾时不会跌倒。10个月时，身体向两边倾斜也不会跌倒，并能由坐位改成俯卧，或由俯卧变成坐位。11个月的婴儿已经坐得很稳，可以随意将身体向两侧转动。

婴儿躺在小床上眼能看到的、手能抓摸到的只是一个很小范围，坐起来却不同了，他的视野扩大了，手能接触的东西也多了。父母可以根据不同月龄婴儿动作发育特点，帮助婴儿练习坐。但在他们还不能坐稳时，不要使他们长时间处于坐位。

12.瑞瑞长牙了

瑞瑞出生第199天

瑞瑞喝奶的时候，我无意中往他嘴里看了一眼，看到一个小白点。

电光火石间想到：莫非，这就是传说中的……长牙了？

立刻把他抱到亮处仔细观察，小心地摸了摸，硬硬的，果然是牙齿！

接下来的事就是……全家人奔走相告。呃，倒是没有喜极而泣。

不过，瑞瑞，你真不简单呀，你妈妈牙疼得要死，大家也都淡淡说一句：牙疼不是病呀……你的牙现在比米粒都小，可是，全家人都很轰动哦！

瑞妈我有点小吃醋……

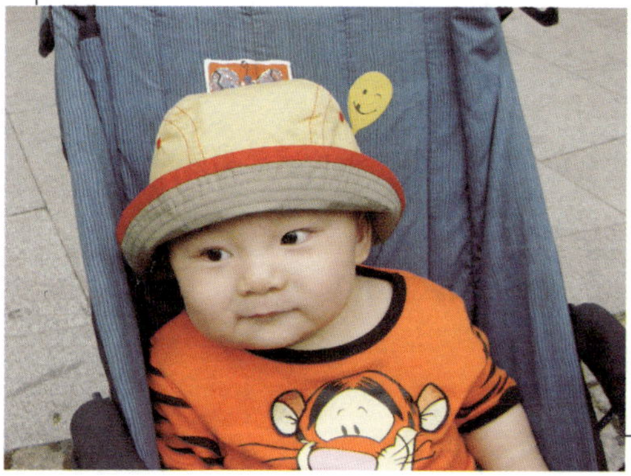

妈咪的育儿经

除了一件事之外，瑞瑞算是一个标准宝宝，就是说，他的成长是符合婴儿发育的每个标准的。唯一的例外……我以后告诉你。

正常情况下，这个时候，宝宝就是应该长牙了。给他准备一点点可以咬的东西了。比如，小块的蛋黄，而不是以前那样纯粹的糊糊了。

推荐利器

磨牙棒。不是饼干，是玩具。觉得磨牙饼干要再往后才对他有吸引力。婴儿用品里有专门的软塑料磨牙棒，让他握在手里咬的。因为这个时候，宝宝会很习惯地把东西往嘴里塞。与其这样，不如就给他一个可以塞的东西好了，让他咬吧……记得每天要消毒哦。

专家咨询室

4～6个月的宝宝开始出牙了，人的一生有两副牙齿，出生后长出的第一副称乳牙，到6岁左右换牙，换牙时生长的牙齿是恒牙，乳牙长出的时间因人而异，有早有晚。一般6个月开始出牙，也有的宝宝4个月就开始长牙，或9～10个月才开始出牙。通常最先长出的是下切牙（下门牙），然后长出4颗上切牙，多数小儿到1岁时会长出4上2下6颗牙齿。此后，中间有几个月的停顿，接着又陆续长出6颗新牙，包括2颗下切牙和上下4颗乳磨牙（板牙），乳磨牙长出的位置离切牙稍远，为将来长出的尖牙（虎牙）留下空位。第一乳磨牙长出后，中间又有几个月停顿，接着上下4颗尖牙从第一乳磨牙之间的空隙脱颖而出，这通常在1.5～2岁，最后长出的4颗第二乳磨牙，其位置紧靠第一乳磨牙之后，一般是于2～2.5岁时长出。出牙的数日一般是月龄减4～6。

13.日出而作日落而息

瑞瑞出生第708天

瑞瑞真是有古人之风啊。巨典型的日出而作日落而息呀。

晚上七点半就睡着了。

早上咧，四点钟天色刚亮就醒了。

完全不按常理出牌啊。嗯，不按我的常理我怀孕的时候是谁劝我要调整作息时间，说怀孕的时候夜猫子宝宝以后也是夜猫子的呀。

最想不通的是，这么小的宝宝，咋就不爱睡觉哩？

今天早上三点四十分，瑞少醒过来，我从眼皮都没办法睁开一直到现在巨清醒，我容易吗我……

妈咪的育儿经

瑞妈特别去问过一位早教专家。专家慢悠悠地说：日出而作日落而息，本来就是最健康的生活方式啊，你的宝宝，很好啊……

他想了想补充说：一般情况下，宝宝赖床，如果不是因为睡得太少的话，就是因为受到大人的影响。

当时，瑞妈是多么的不以为然。但是……这是真的。瑞瑞大概在3岁开始，学会了跟我一样说："啊，让我在床上再躺一会儿吧……"

好吧，我错了。

专家咨询室

婴儿每做一件事总是有原因的。白天睡觉、一天只睡几个小时、早上三点钟醒，要“对付”这些看似奇怪的睡眠习惯，首先你必须区分出沉睡的婴儿和浅睡的婴儿。

婴儿睡眠与成年人的睡眠不同，大约20分钟后他们才进入沉睡状态。这就是为什么如果你太早把你的孩子放下，他就容易醒的原因。

夜间，孩子的沉睡时期和浅睡时期比成年人交替得更频繁。当孩子处于浅睡时期，如果肚子饿了、尿布湿了或者听到响声他都可能会醒。如果他不醒，大约10分钟后他会进入沉睡状态，一个小时后他又会进入浅睡状态，又可能醒。

正如你自己睡觉时一样，这种循环交替活动整个晚上都会发生，但是因为婴儿比你更常进入浅睡状态大约1个小时一次，他比你更容易醒。除了这些易醒时期的存在，有些婴儿只有在妈妈的手、乳房、声音的帮助下才能从浅睡状态进入到沉睡状态。

大多数疲惫的父母认为上天太不公平，把婴儿的睡眠循环机制设计得比成年人娇弱得多。然而，这种机制保证婴儿安全、刺激脑部发育。了解到这一点可以使你不再为自己牺牲了睡眠时间而感到愤愤不平，同时鼓励你去探究最适合孩子夜间需要的睡眠策略。

14.学步车里

瑞瑞出生第248天

瑞瑞这几天发了疯似的爱笑，整天自己笑得上气不接下气。

学会用学步车走路，我买了一个小汽车给他玩，放在地上自己会开的那种，他摇晃着在学步车里，跟着那个车子，自己发出可爱的叫声和笑声。

喜欢我呵他痒。我把手放在嘴里呵一呵，他已经知道会去挠他，微微缩起脖子看我，就等我手碰到他，开始大笑。

因为出牙，口水还是很多。

昨天回娘家，新房子地方好大，把瑞瑞放进学步车让他玩。间中我去厨房，让妹妹看着瑞。

过一会，有人拉我的……裤子。

一低头，瑞瑞就在我脚下，拉着我的裤子，抬头咧大嘴看我。口水嘀里嗒啦，让他的下巴闪闪发亮，吓了我一跳。

问妹妹，你怎么把他搞进来了，妹妹无辜地说，不是我，他自己找进来的。

晕……

半夜里老公打电话来，问瑞瑞怎么样，我说瑞瑞现在会飞奔，会自己走进厨房拉我的衣服。他不信，反复追问到底怎么样，说"你老是很夸张，告诉我真实情况"。

这就是真实情况呀！哪有夸张！至多其实还不到飞奔……但真的走得很快的！

反正，瑞瑞就这样长大，我就这样老了。

妈咪的育儿经

学步车是朋友拿来的旧东西。关于学步车的争论，一直非常非常多。给9个月大的宝宝用学步车，可能是真的早了一点……不过真的太好玩了，他喜欢在车里把脚一踮，然后缩起脚，飞快地滑出去。瑞瑞还是把这个当玩具的。瑞妈觉得，他是喜欢很快的感觉。而且一天最多用半小时，应该没关系吧？

但是……好吧，私下里在两年后回头想想，当时如果不用学步车，是不是他就会老老实实地学会爬？事实上，瑞瑞的运动神经一点儿也不发达。

专家咨询室

学步车到底能不能用？基本上，目前关于学步车的利弊争论，以不赞成学步车为主。专家们的理由是：过早使用学步车，会让宝宝过

度依赖学步车带来的“极速快感”，而跳过了学习爬行这个关键步骤。另外，学步车减少了宝宝锻炼的机会。在正常的学步过程中，宝宝是在摔跤和爬起中学会走路的，有利于提高宝宝身体的协调性，让他在挫折中走向成功，使宝宝会有一种自豪感，对增强其自信心很有好处，而学步车没有这一功能。至于不当使用学步车造成的安全上的问题，也是专家们不提倡使用学步车的原因。据说，加拿大已全面禁止、销售、推销及进口婴儿学步车，认为学步车存在很大危险，是全世界首个禁止销售学步车的国家。

15. 我是谁

瑞瑞出生第255天

我是谁？

我，是谁？

8个月大的瑞瑞，一直以来都没什么脾气。这一天，奶奶抱他出门玩，有个小哥哥贪玩坐到了瑞瑞的小推车上，瑞瑞立刻大哭，直到小哥哥离开，才止住了哭声。

在瑞瑞的人生里，这是不是第一次意识到“我”、“我的”这样的概念？

妈咪的育儿经

其实瑞妈觉得小宝宝好像比专家说得更早理解“我的”这种东西，虽然他可能不能说出这句话。但他总是明确地知道，哪样东西是他的，别人不许碰的……包括他的奶奶爷爷外公外婆……

好吧。其实瑞妈想说的是，小朋友们，比你想象的，要自私得多……

专家咨询室

其实在宝宝的第一年，是说不上什么自我意识的，他甚至还不能知道自己身体的存在，在吸吮自己的手和脚时，就像吸吮自己以外的东西一样。

要当宝宝快1岁的时候，才开始能把自己的动作和动作的对象区分开来，比如，知道自己推了小车，小车才会移动。

当宝宝1岁以后，他开始知道自己的名字。比如，成人叫他“宝宝”，他也会学着把自己叫做“宝宝”，像叫别的事物一样。此时，他开始认识自己的身体，认识自己身体的各部位，也意识到自己身体的感觉。他可以告诉你“这是宝宝的眼睛”或“宝宝饿了”等等。但是，这时宝宝只是把名字理解为自己的代号，在遇到叫同名的别的孩子的时候，他就感到有些困惑了。

宝宝大约2～3岁的时候，开始掌握代名词，如“你”、“我”。当宝宝开始掌握“我”这个词的时候，在自我意识的形成上，是一个质的变化，从此，宝宝的独立性开始增长起来。

16.六牙太郎是个口水大王

瑞瑞出生第276天

唉，看来牙真是很重要的东西，因为牙的缘故，这一星期，格外黯淡。无时无刻的牙痛提醒我，原来人生中还有这么重要的东西！

而瑞少已经长出六颗牙，这天早上，他醒了，我醒不过来，闭着眼把手指头伸给他，结果，被他啊呜一口……咬醒……这个小坏蛋……不过看到他的笑容，我还是心甘情愿地起床侍候他……早上四点半啊……

早上四点半，以前，是我刚刚睡下的时间啊！而现在，却要面对一个不断流口水的宝宝。

说起来，瑞瑞的口水实在太多了。这都快9个月了，他的口水怎么还是流不完呢？

真的是因为小时候被大人捏得太多吗？

妈咪的育儿经

流口水的宝宝，最让妈妈头痛的，其实不是看起来难看，而是下巴上的皮肤会因为一直湿嗒嗒或者被擦得太多，而发红，甚至会起疹子吧。

所以，这段时间，手绢或者小毛巾一定要常备手边，尤其出门的时候，一定要带上柔软的手绢！纸巾啦湿巾啦，对于口水都不是最好的东西……

另外，好像脸被捏太多会流口水是真的！不然怎么解释啊！唉，瑞瑞就是太可爱了啦！

推荐利器

这不是瑞妈推荐的。是瑞妈的一个同事推荐的，磨牙饼干！磨牙饼干最大的作用不是磨牙，是吸宝宝的口水……据说很管用。但对瑞瑞来说，口水太多，他也不是很喜欢这种饼干。另外，试过很多牌子的磨牙饼干，如果你是一定要纠结在“磨牙”这两个字上的话，亨氏的一种一盒只有没几根的饼干不错，它看起来更像一个很干很硬的小面包条，不太容易碎，只能慢慢用口水润湿后磨掉……很适合让宝宝抓在手里。但是缺点是，很容易被浪费！因为太大了，显然宝宝完全不可能把这个饼干消耗掉。而且宝宝耐心有限，啃个没几下就会扔掉的。

专家咨询室

一般来说，宝宝流口水是个阶段性现象，有一定的规律性。

新生宝宝是不会流口水的，因为唾液腺不发达，分泌的唾液较少。加上此时宝宝的主食是母乳或乳类食品，并不需要唾液酶参与消化，也不会刺激唾液腺分泌。

到宝宝4个月开始添加的辅食，会反射性刺激唾液腺分泌，到宝宝5～6个月时唾液分泌明显增多。但宝宝口腔容积相对较小，吞咽调节功能发育还不完善，尚不能及时吞咽所分泌的唾液，因此会出现口水外流。而口水流得最频繁的时期，恰好处在宝宝的出牙期。乳牙萌出时顶出牙龈，会引起牙龈组织轻度肿胀不适，刺激牙龈上的神经，也可激发唾液腺反射性地分泌增加。

大部分宝宝在2岁之前，因为肌肉运动功能的成熟，逐渐有效地控制吞咽动作，嘴边也不再湿嗒嗒了。

17.超高超重

瑞瑞出生第282天

昨天9个月了，去体检，身高78公分，体重24斤。

医生说，超高超重啦……

不会爬，因为太懒的缘故。医生要求一定要多爬，可是他不肯怎么办啊……

另外出了六颗牙牙了，口水狂多。

其他一切正常……因为半个卫生院的医生都出来看瑞少，所以瑞少在众人面前有点紧张，不肯笑……唉，没有调教好啊，还不够有明星的范儿……

妈咪的育儿经

唉，现在宝宝超重的很多啦，这么小的宝宝其实不用着急，只要够活泼健康都可以。像瑞瑞，9个月就有24斤，但到3周岁，也就40斤而已（好像也蛮重的……）。

找一些他有兴趣的事让他增加活动量，是真的。运动量大了，自然就瘦下来了。不过，注意要及时把他的汗水擦干或者及时换下他汗湿的衣服，否则，那是相当地容易感冒。

专家咨询室

先来了解一下你的宝宝是不是超重吧！

出生后的1～6月简易体重计算公式为：出生时宝宝的体重+月龄×700（克）

出生后的7～12月简易体重计算公式为：6000+月龄×250（克）

1岁以后的简易体重计算公式为：年龄×2+8（千克）

一般认为，体重超过标准体重的20%时是肥胖儿。

轻度超重：超过标准体重的20%～29%

中度超重：超过标准体重的30%～49%

重度超重：超过标准体重的50%以上

怎么样，超重了吗？不过，这么小的宝宝，超重了，也没办法减肥啊。尽可能养成良好的饮食习惯，并且，一定要多运动，多晒晒太阳。如果是很小的宝宝，妈妈可以每天为他做被动操来增加他的运动量！

18.站起来

瑞瑞出生第296天

瑞瑞现在最爱做的事，就是自己拉着小床边边站起来。

现在，真的不能有一秒钟离开他了，因为他随时可能站起来，翻身，扑倒……

然后他又爱上学走路。

其实站都还没能自己站直呢，可是，把他放到地上，像模像样地让他走，他会很开心。

每次这样，都咯咯直笑。

晚饭后，睡觉前，因为太早，不想让他马上睡，我们把他放到学步车上。

天啦。满房子听到他呼啸来去，咯咯大笑，看见每个人走近他都以为我们是要捉他玩，像小鸵鸟般埋下头扭着身子乐。最后终于被捉出来，喝奶睡觉，吮当，今天有喝到300CC哦！

然后就睡着了，微微打着小鼾……

妈咪的育儿经

会站起来的话……请一定一定要时刻盯紧。不要以为把他放在有栏杆的小床上就没关系！小朋友很聪明，很会借用工具，一拉就起来了！

另外，因为现在宝宝的活动范围大了，而且常常会做出你想象不到的动作！一眼看不见，他可能就在你想不到的地方了。检查一下你的家吧。

推荐利器

防滑小袜子。就是脚底有突起的小颗粒的那种小袜子。对刚学步的宝宝来说，这种袜子可以增加脚底与地板之间的摩擦力，很不错的。

专家咨询室

站是走的前驱期，它为今后的 独走 训练创造了条件，会站的宝宝在学走时，活动力会比直接学走的宝宝强几倍。一般宝宝8个月时，在妈妈的扶持下能慢慢站立，9个月时能扶着家具站起来，到了10个月时就可独自站立了。

19.小懒猪

瑞瑞出生第308天

下午带瑞瑞去金宝贝上课，一共四个小朋友，另三个都比瑞瑞小，反正起码看起来个头就要比瑞瑞小得多。

人家都爬得很好，只有瑞瑞，趴在地上，完全不肯动。

任尔东南西北风……偶瑞少就是不动呀不动……小懒猪……

今天是瑞爸和瑞妈一起带着瑞瑞去的，结果，瑞爸差点火起来了，觉得非常之没有面子。

真是讨厌……发火有什么用？你发火了，瑞瑞就会爬了吗？

妈咪的育儿经

唉，不得不说，瑞瑞在爬行方面，真的是很让人遗憾的。尽管，后来瑞妈在办亲子活动时做过调查，发现现在的小孩，不会爬的比例真的很高，但专家们都说，爬行绝对能开发智力……这么一来，还是很让人郁闷的啦。瑞妈也有按书上教的，试图让瑞瑞学会爬……这个，理论归理论，瑞瑞不想爬归不想爬，几乎是没啥用的。

话说瑞瑞现在倒蛮会爬的。嗯，他现在都快4周岁了，还蛮喜欢没事在地上乱爬一气。难道是在补当年的课吗？

专家咨询室

爬行是宝宝全身独立活动的最早形式，可以扩大宝宝的认识范围，加强孩子的感知能力，促进心理发展。爬行是一种全身的运动，可以锻炼孩子胸、腹、腰和上下肢各组肌群，使肌肉结实而丰满。爬行时，可以使婴儿善于运用脚上的肌肉，为今后站立做准备。

婴儿7～8个月时，每天都应该做爬行锻炼。爬行对孩子来说，并不是轻而易举的事情，有些孩子不爱活动，更要努力训练。训练爬行时，先让孩子趴下，成俯卧位，把头仰起，用手把身体撑起来，家长把宝宝的腿，轻轻弄弯放在他的肚子下，在宝宝的面前，放些会动的、有趣的玩具，如不倒翁、会唱歌的娃娃、电动汽车等，以提高宝宝的兴趣，启发、引逗他爬行，此时，家长可以用手在他的臀部轻轻捅一下，或用手掌抵住他的小脚掌，孩子常常会向前扑，于是就慢慢地爬行了；如果婴儿俯卧位时，只会把头仰起，上肢的力量不能把自己的身体撑起，胸、腰部位不能抬高，腹部不能离床时，父母可以用条毛巾放在婴儿的胸腹部，然后提起毛巾，使婴儿胸、腹部离开床面，全身重量落在手和膝上，反复练习后，待小腿的肌肉结实，能支撑身体重量时，也就渐渐地学会爬行了。

20.原来我是购物狂

瑞瑞出生第315天

听说今天有冷空气。真的，小宝真的是这么说的。

所以今天出门前，特地把瑞瑞的新风衣放进包包里，而且果然下午起了一点风，果然可以穿上了哦。虽然这个冷空气以我看来真的不是特别像冷空气，但毕竟十一月了，如果有一点点风的话，吹在身上，还是会让人觉得有一点凉凉的啦。

昨天瑞爸严肃地问我，已经为瑞少买了多少钱衣服了。我说，两百多啊，他冷笑一声：我问的是从他生下来到现在！汗……拒不回答……嘻嘻，昨天买了五件呢。不过，像周围所有的年轻妈妈一样，我给瑞瑞买衣服，已经从买名牌过渡到了外贸型，以淘外贸小店为主了。因为……瑞瑞长得实在太快了！不瞒大家说……我起码买过五双根本没穿到他脚上就已经不可能再穿的鞋鞋了……

至于说，买来后他不喜欢的玩具，带回家发现可能大了两号的衣服，或者各式各样我觉得可能他会喜欢的东西……那就多了去了。

以前给自己花钱，还要想一想，惭愧下，现在就完全没有这样的心理负担，花钱都花得理直气壮啊。

所以到现在我才发现，原来我也是个购物狂……

妈咪的育儿经

鞋子。鞋子一定要让宝宝试穿过。因为这是买回家不合适比例最高的东西。

去香港的话，买品牌童装碰到打折，那是非常划得来的。至于一些名牌的鞋子，就不要在香港买，因为价格几乎和内地一样，又容易买错号子。

在宝宝周岁前，不要给他买带拉链的衣服。几乎所有的宝宝都不喜欢高领的毛衣，因为会蹭到脸。可以留意看准一两家外贸小店作为补货仓库，应该会淘到好东西。理论上，在宝宝3周岁以前，买大一号的衣服都是划不来的，尤其冬装夏装一定要买合身的。宝宝成长的速度不可控，好比你买了一件大一号或者大两号的冬天外套，其实也就只能穿这一季而已，等到第二年冬天早就不能穿了。

玩具的话，瑞妈倾向于购买商场里的玩具，别的不说，主要觉得那些玩具，相对安全一点。当然，如果是一次成形的塑料玩具之类，倒没什么讲究，只要看住宝宝不往嘴里塞就是了。

专家咨询室

妈妈选购宝宝服装时注意以下几点：

面料选择：贴身穿着的服装宜选择淡色纯棉的面料。

要闻气味：最好紧贴着服装深吸气，闻一下里面的气味，避免选购味重刺鼻的衣服。

查看配件：一件服装上可能有不少配件，如拉链、金属扣等，要检查是否美观、光滑、松紧适宜。

先洗后穿：建议新衣在穿前，先在清水中浸泡，这样可以有效降低衣服上残留甲醛和过高的酸碱性指标。

21. 杀手出街

瑞瑞出生第318天

终于到了这一天了。

我站在小威姿前，深深吸了一口气，开门，上车，系安全带，握住方向盘……

是的，拥有五年驾龄但只开过一次车的资深新手瑞妈，就要上路了！

为什么只上过一次车呢？因为那一次是瑞爸（当然，当时还没有瑞瑞呢）陪我开车的，开了一半，就因为瑞爸恶劣的教学态度而心头火起，还在大路中间当场刹车不干了……还好当时是在之江大道上，新修好的路，没什么车……所以江湖传说老公是不能教老婆学车的，这话真对。

那以后，我就断了开车上路的念头，坐车多舒服啊，打车多痛快啊，何必去开车呢？舒服了几年，事情发生了变化：瑞瑞出生了。

自从瑞瑞出生后，瑞爸就开始劝我自己买个车。早也劝，晚也劝，其实他司马昭之心，大家怎么会不知道呢？眼见着瑞瑞要时时出门，今天去打个针，明天去兜个风，后天回外婆家……如果我再不会开车，那接接送送，就全是瑞爸的事了。两相权衡，懒惰大过天的瑞爸觉得一定要将瑞妈我培养成驾驶员才对……

事情就是这样开始的。瑞瑞10个月了，在家里根本呆不住。有时候我们都惊讶他的执著：哭啊闹啊，只要门一开，哪怕只是站在门口楼道里望望天，都会马上止住哭声……晕……等他长大还了得？一定是完全不愿意回家的野小子。考虑到要让瑞瑞多看看外面的世界，瑞妈我这种终极杀手，也不得不

亲自上街了。

第一次，晚上。平均速度三十五迈。后面不时传来愤怒的喇叭，过弯时来不及看后视镜，险状环生。刹车太猛，陪我开车的教练嘀咕说，要都这样，瑞瑞会被你从后座颠到前座的……怎么可能？这个世界上是有婴儿安全座椅这种东西的你知不知道……我心里忿忿，嘴上却不敢说，只是小心地轻轻踩一脚油门。靠边休息的时候给同事打电话："你在干吗？我开车来接你下班吧！"

电话那头大惊失色："啥？接我？你开车？不用不用，我今天住在单位了……"

切。我以后要载我们家瑞瑞的耶，瑞瑞都不怕，你怕什么？其实我很羡慕一个朋友，她儿子还很小的时候，她就带着他到处跑，把儿子绑在后座的安全椅上，后备箱里塞一个小推车，三天两头母子俩就在西湖边逛……真是没想到，做一个新时代的妈妈，还要掌握这么多技能……听说21世纪人才的基本技能之一就是会开车，倒不知道21世纪当妈的还得会这个……

妈咪的育儿经

宝宝都是有好奇心的。所以，仅从这一点考虑，从一开始就不要让宝宝坐在副驾驶的位置上。瑞瑞是1周岁不到开始用安全座椅的，在这之前，需要坐车出门的次数也不是太多，所以算是一开始就用上安全座椅，因此他就有了"这个地方是我坐的"这样的概念，对安全座椅完全没有排斥感。

所以，要让宝宝及早有坐安全座椅的习惯和概念!

根据瑞妈运送过N个不同宝宝的观察，坐惯婴儿安全座椅的小朋友真是非常让人省心啊。但没有坐惯的话，小朋友很排斥这种椅子。

所以，养成习惯要趁早啊!

专家咨询室

根据多国研究指出，儿童车祸死亡的主要因素，有六成是因为未使用安全座椅。很多人喜欢抱着孩子坐车，认为只要自己抱紧一点，孩子就安全了，殊不知，当车辆遇到撞击时，在重力加速度和惯性作用下，足以让怀中的孩子脱手，瞬间变成空中飞人，朝着挡风玻璃飞出去。各发达国家从各类儿童车祸中总结出经验教训，4岁以下的儿童在搭乘自用车时采用安全座椅，将可降低71%的死亡率与67%的重伤率。

另外，安全座椅也有不同的规格。在美国，专家们就建议1岁及11公斤以上的儿童坐座位面向前的安全座椅，1岁及11公斤以下儿童应该要面对车后面。当面向后面时，安全座椅的安全带应略低于婴幼儿的肩膀。当面向前面时，安全带应略高于婴幼儿的肩膀。

22. 鼻子眼睛耳朵嘴

瑞瑞出生第371天

今天小阿九来家里玩，瑞少非常快乐。

他在学步车里，追着骑在电动小摩托车上的小阿九，跑得飞快飞快的，发出愉快的大笑。

他现在认识的东西越来越多。

最近几天认识的是自己的鼻子和耳朵。

问他：小鼻子在哪？

他会吸一下鼻子。

问他，小耳朵在哪？

他会去摸一下自己耳朵。

不过有一次我问他，小耳朵在哪？

他嘿嘿笑着，来拉我的耳朵……

妈咪的育儿经

有一个英文歌就是教你认识身体各个部位的。瑞瑞很喜欢。哦对了，就是在天线宝宝里有的，看多了，就会跟着做了……

有时候，我们也很困扰，看电视太多，会不会不好。

可是，生活在这个时代，不看电视，好像也不太可能吧。

专家咨询室

宝宝7～8个月了，可以让宝宝从镜子里认识自己的身体各个部分：妈妈抱着宝宝坐在大镜子前，点点他的小鼻子，再指指镜中的鼻子说： 这是宝宝的鼻子。 还可以把着他的手去摸自己的鼻子，再摸妈妈的鼻子。经常、反复这样做，宝宝就会认识自己的鼻子和别人的鼻子，听到 鼻子在哪里 的问话，他会手指自己的鼻子。

这样一个一个认眼睛、耳朵、嘴巴、头发、小手、小脚等，慢慢地宝宝就能认识自己身体的大部分器官了。

玩的时候爸爸妈妈还可以编一个简短儿歌配合着念，同时做做不同的动作，如：眨眨眼睛，拉拉耳朵，张张嘴巴，拍拍小手等等。

23.嘿，我认识你

瑞瑞出生第378天

今天的瑞瑞还特别让人惊喜。

其实瑞瑞最近是有点难带的，自己主意大得不得了，不像以前那样任人搓圆搓扁了。早上起床，就为了换个尿不湿，穿个衣服大哭大闹个10分钟是常有的事。

今天一早起来，穿衣服就特别乖，一边穿衣服一边探头去看爸爸睡觉的脸，乐不可支地大笑。

到了外婆家这里，之前虽然也会问他外公在哪儿，外婆在哪儿，可是他都是没有什么反应的。今天当然也是问啦，结果一问，他就准确地把目光落在正确的人身上，试了无数次都是对的，这可把外公外婆乐得个心花怒放。而且之前回娘家的时候，他特别粘我，一从他眼前走开他就大哭大叫。今天可好，和外公外婆在一起玩得不亦乐乎。本来今天天气不好，还有点担心说如果他非要出门逛那可不太好办。结果他一整天都安心呆在家里玩儿，连外公出门，他都没有像以前那样闹。

实在是，太好啦！

不过到晚上的时候他有点儿不耐烦了……估计也是……他说不定想，你们这些大人烦不烦哪？我不是都告诉你们很多遍谁是外公谁是外婆谁是爸爸谁是妈妈了吗？为什么还要再问哪……你们会不会太笨了……

妈咪的育儿经

忽然之间，他开始认人了。瑞妈的意思是，他会把某个特定的词和某个特别的人联系在一起了。

除了天天在一起的爸爸妈妈之外，不是天天出现的人，他也能清楚地知道他们分别应该对应什么称呼了。

请，尽情享受这一刻的快乐吧……

专家咨询室

0～3岁是一个特殊的人生阶段，它将为孩子今后的发展做铺垫，这个阶段如果发展不好，将对以后的幼儿期、学龄期以至于青春期带来许多问题。比如，一些低龄的学习困难的孩子精力不集中，其实并不是孩子自己不想集中，而是根本无法集中，这其中有一部分人属于“早期运动不足症”，早期运动不足还可能造成以后孩子胆小、内向、敏感、焦虑、坐无坐相、站无站相、与人交往困难等等。

现在家长都希望孩子多学点知识，两三岁的孩子便开始学习认字、写字，其实家长不必急于求成，与其让孩子多认识几个字，不如多带他出去玩，多认识几个人。因为汉字是象形文字，孩子认字凭的是图形记忆，而人不同的脸也同样是一个个不同的图形，孩子们如果能区分不同的人，他必然要记住这个人的脸，这跟认字是一个道理。其实要区分不同人的面貌比认字要难得多，如果婴幼儿有了辨认人的本领，那么反过来，他认字识字就会变得容易多了，这其实是事半功倍的做法。而家长往往将手段和目的彼此混淆，本来认字只是一个手段，而家长们却把它当成最终目的了。

24. 11个月啦

瑞瑞出生第335天

最近瑞少突飞猛进地疯长，反正我是觉得他越来越重了。

瑞瑞，人生的前6个月全部是平躺着的。也许因为躺的时间太多了，自从他开始学会坐后，能坐着就不躺了。现在开始学习站，于是，能站着的话，他绝对不坐也不躺。用学步带牵着他走路，已经从整个人随时要扑到地上去发展到不用费很大的力气了。而且他是一个绝对有主见的宝宝，如果他决定要往东走，你拉着他往西，是拉不过他的……

不晓得是不是因为自重太大，他到目前为止，还不能独立站着。最多只能三秒钟，一定会朝某个无法预料的方向倒下。

今天瑞爸回来的时候，瑞瑞还没睡觉，正和我面对面躺着眉目传情（我把眼闭上，忽然睁开朝他看，这动作准会让他高兴），看到爸回来，很高兴。我们把他放在两个人中间逗他玩，他不小心往后倒下去。当然，我和瑞爸同时在半当中接住他。他狂喜，接下来十分钟里无数次重复坐起来，倒下，被接住，大笑，再坐起来，倒下……累死我了……

喜欢听爷爷唱歌。认识很多人。脾气超大。会叫阿……姨。阿……婆。也会叫妈妈。这两天开始叫爸爸。

给他买了很多玩具，但大部分他都不喜欢。最近他喜欢的是扣子，我睡衣上的，他睡袋上的。他用小小的指头拨弄着它，很认真，很可爱。另外喜欢的玩具是几个上面有洞的球。今天给他买了两个玩具，一个可以扭动的塑料虫子，一个上面有巨大扣子的布鞋，看起来他不讨厌，不

哈哈，今天我11个月了！

知道他会玩多久。但要说最喜欢的话，他最喜欢的玩具是我的头发，他喜欢被我面对面抱在怀里，左右开弓各拉一束我的头发，然后开始做指挥乐队状。彼时瑞少脸上一定有灿烂笑意，所以只要没有痛狠了，我只好牺牲头发和形象，任瑞少乱抓……

妈咪的育儿经

买玩具是个大学问。

瑞妈见过不少朋友给宝宝玩的玩具，都只是最简单的东西，宝宝很喜欢。上亲子课的时候，老师拿来给孩子们玩的是衣夹子……

但是在瑞瑞1周岁以前，好像没有什么他特别喜欢的玩具。瑞妈一直没摸清他的爱好，新玩具到他手上，新鲜一阵儿，就罢了。后来爱上小动物，事情就好办许多。

事实上有一段时间要把正在哭泣的他的注意力引开，最简单的办法是忽然大声地，兴奋地说：看！妈妈有扣子！

专家咨询室

11个月末，宝宝一般出牙5～7颗。男孩的平均体重为9.65公斤，女孩的平均体重为9.02公斤。如果男孩的体重低于7.57公斤，女孩的体重低于7.02公斤，就需要要引起注意。这个月末男孩的身长平均值为75.2厘米，女孩的身长平均值为73.7厘米。

11个月时的宝宝会试着在大人的帮助下迈步爬楼梯，但还不会左右脚交替迈步。愿意蹲着玩，可以从站姿蹲下来，也可以从坐姿站立起来，还不是很稳，有时会坐个屁股墩。扶着东西能稳稳地站立，走动，喜欢到处翻看，这时一定要注意安全。

还喜欢把玩具扔到地上，再让人帮他捡起来，乐此不疲。精细动作方面，宝宝喜欢拿着一支笔在纸上乱画；会把东西装入容器内，再将它取出；会对盒子、瓶子的盖子感兴趣，并试图打开；会翻质地较硬的书页。最喜欢小玩意儿，但不能给宝宝太细小的东西，以免宝宝吞进肚子里。

宝宝这时的认知能力也发展较快，11个月时，宝宝乐于模仿大人面部表情和熟悉的说话声，自言自语地说些别人听不懂的话。

会听名称指物，当被问到宝宝熟悉的东西或画片时，会用小手去指，大人给予鼓励时，更能激发宝宝的学习兴趣；还会试着学小狗或小猫的叫声。现在，宝宝开始把事物的特征和事物本身（如狗叫声与狗）联系起来，对书画的兴趣越来越浓厚。

11个月时，宝宝意识到他的行为能使你高兴或不安，因此也会想尽办法令你开心。他模仿你面部的表情。能很清楚地表达自己的情感。

现在宝宝的消化和咀嚼能力大大提高，如果宝宝的饮食已成一定规律，数量和品种增多，营养应该能够满足身体生长发育的需要，就可以考虑给宝宝断奶了。断奶不是指不再吃奶，而是指不再以奶类为主食。

25.求求你叫叫我

瑞瑞出生第338天

听说男孩子一般开口都较迟，但瑞瑞好像已经急于要说话，每天口水嘀嗒地发出各种奇怪的声音。传说婴儿是能听得懂小动物们的语言的，也许也只有小动物才能听得懂婴儿的话吧。

他说过最长的一句话，发生在某个周六的下午，我们打算带他出门。瑞爸先下去发动车了，外婆抱着瑞瑞坐在沙发上等我们先走，结果瑞瑞以为我们打算不带他出去，一着急，一口气发出十几个不同的音节，把我们逗得哈哈大笑。

平时，他倒不会这么一串串往外蹦字，基本上都是单音节的。很早就会发出“妈妈”的音，但我想他其实不是在叫我，因为他根本不朝我看呀，完全是无意识的。有意识的第一个单词，哼哼，说来伤我的心，竟然是“阿……姨”，学会这个词后，他每天就在那里变化着音调发出“阿……姨”的声音，有时候像是在叫天天抱他的阿姨，有时候是发生了一件他没想到的事，他一喊，好像就是在感叹一样，特别搞笑。

后来终于会叫妈妈了。不过一般不是叫瑞妈我。关于这一点，也是让我伤心的，他倒不是叫别人妈妈，而是每天早上

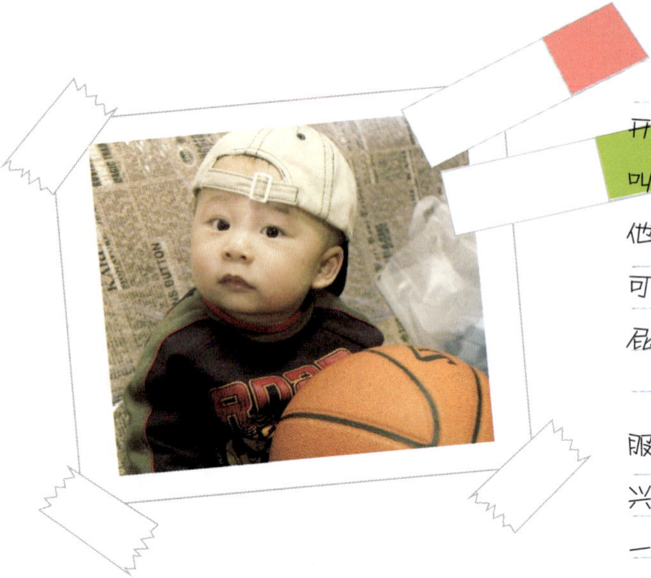

起床，出房间前，我指给他看墙上挂着的婚纱照说：看，这是妈妈呀。他一看这照片就笑，有一天我顺口问，这是谁呀？他轻轻地喊了一声：妈妈。瑞妈我大喜，马上把他头转向我，问他：再叫我一声呀。他笑笑，拒不开口。不是吧，难道说，因为婚纱照上的妈妈比较年轻好看，所以才叫她？真妈妈摆在面前，倒不叫

瑞爹为了让瑞瑞叫声“爸爸”，费了不少口舌。可是我们的瑞瑞，认真地看着瑞爹，叫了声“妈妈”，瑞爹非常沮丧，这天，他痛苦地说：瑞瑞，你看，为了你叫我一声爸爸，其实我每天都会先叫你几十声“爸爸”耶！

然后，也是忽然，就是前两天，瑞瑞开始喊爸爸了。成天在嘴里爸爸爸爸地叫，瑞爹顿时如同飘上天一般神气，虽然他自己也说“其实我这么胖飘到天上是很可笑的”，但瑞瑞一开口，他就乐得屁颠屁颠的。

这天晚上，瑞妈我正在服侍瑞少脱衣服睡觉，瑞爹回来了。瑞瑞瞧见他，很高兴，叫他“爸爸”，不是只叫一声，而是一迭声“爸爸爸爸爸爸”，飘在天上的大胖子瑞爹乐得快和瑞瑞一样流口水了。

我一边给瑞瑞穿上睡袍，一边淡淡说，好啦，晚上瑞瑞醒来叫你，你来喂他啊，记得哦。

瑞爹顿时掉到地上，清醒了过来。看着瑞瑞想了好一会，瑞爹赔上笑脸对瑞瑞说：“来，宝宝乖，也要叫妈妈的哦。来，叫一下，妈……妈……”

妈咪的育儿经

据说男孩子开口都比较迟。但瑞瑞开口真的算早的，而且，很早就开始用语言表达自己的意思了。

不知道是不是因为他的妈妈我，是个大话痨的缘故。

总之，我们所有人，都很喜欢对瑞瑞说话。

然后，总是希望瑞瑞能表达自己的意思。有一次瑞妈在育儿杂志上看到一个说法，说可以教宝宝用手语表达自己的意思，这样有利于他学习自己表达想法。我们用惯的一招是：表示同意就举手。

教了几次，他就学会了。到他会开口说“好”、“要”的时候，他还会配合举手呢……

专家咨询室

一般来说，宝宝1岁左右能叫爸爸、妈妈；2岁左右发音虽然不准确，但已经能说简单的词汇，短句也开始出现；3岁的宝宝开始具备语言交往能力，能复述内容简单的故事，但语言不连贯，多重复，无层次；4岁时宝宝对语言表达有明显的主动性和积极性；5岁时宝宝发音基本正确，讲述时内容较丰富，层次也较清楚，想象力也开始增加；6岁宝宝语言的质量明显提高，可以恰当地运用代词、助词。

26. 从床上掉下来了

瑞瑞出生第343天

瑞少今天……第一次……从床上摔下来了！

事情是以迅雷不及掩耳之势发生的。当时瑞瑞在自己的小床上扶着栏杆站着玩，我正打算把照片从照相机里倒出来，低了这么一会儿头的工夫，听到一声闷响，再一看，小床上没人了，瑞瑞已经躺到地上……

急忙把他抱起来，他在我怀里呆了一小下，才开始放声大哭。我看看他的头，摸一遍，还好，没什么包，没出血，再拉拉他的手，他生气地挥舞着，还好，正常。脚……应该没事……就这摸一遍的功夫，我

已经一身冷汗了。

这是瑞瑞人生中第一次掉下来耶，上一次是在我眼皮子下，差一点点，半空中被我接住了，这一次……

他哭了5分钟，慢慢好了。看来没事。

唉，小宝宝，跌一跤大一大。瑞少，你快快平安无事长大吧。

妈咪的育儿经

其实，宝宝一旦开始学会站立、行走之后，你就会发现，家里到处都有危险的地方！

从床上摔下来，几乎是每个宝宝都会有的经历啦！避免这件事发生的唯一办法是，时刻在宝宝身边！不过，有时候，就算是在眼皮下，这种事也难免会发生，所以你要做的就是：先在家里来一圈安全大检查！

拿一张纸，列出要做的事，然后，一件件勾掉。以下是你一定要检查到的事：

（1）确保在宝宝高度所及的范围内，没有尖锐的桌角、柜角、把手等物。

（2）把宝宝够得着的平台上清空，不要放置物品，尤其是易碎品。

（3）检查家里平时不会注意到的角落、床底、桌下……因为，宝宝很有可能会爬到那里去。

（4）检查所有的电源开关，尽量使用有盖子的安全开关。

（5）在条件许可的情况下，尽量在地面上空出足够的地方，供宝宝玩耍，我们家可是把三人沙发都牺牲了给瑞瑞腾地方玩呢。

（6）可以的话，给厨房加一道门，或者，绝对不允许宝宝随便进入厨房！因为对宝宝来说，那里是全家最危险的地方！

还有，你自己想吧。

最好的办法是，蹲下来，用宝宝的高度看一下世界吧！

推荐利器

旧布头。瑞妈买过不少家具的安全用品。装在桌角的呀，装在把手上的呀，都是用来防止宝宝夹到手、撞到头的。但事实证明，这些都没有奶奶找出来的旧布头好使。她用旧布头把所有突在外面的有尖角的家具把手包了一遍。成功！

专家咨询室

宝宝会翻身后，一定要让宝宝睡在有护栏的床上。床边不要放任何尖锐和易碎物品，更不能放热水瓶、电饭煲等。床边地上最好铺一块地毯，以防坠落后直接碰在坚硬的地板上。不要让宝宝在高度2尺以上的空间活动，否则坠落后头部骨折的几率会比较高。

一旦宝宝真的掉到床下了，你需要做到以下几点：

（1）安抚宝宝。宝宝坠床后会哇哇大哭，可能是因为疼痛，但更多是因为害怕。妈妈可以对宝宝说：“宝宝不怕，妈妈在，没事了。”让宝宝听到你的声音，他会感到心里踏实。

（2）检查宝宝的神志。如果宝宝能哭，说明问题不大。如果宝宝神志不清，叫他名字没有任何反应，或出现呕吐，说明有可能存在颅脑损伤，立即打120叫急救。

（3）检查宝宝的关节。如果宝宝胳膊、腿、手脚活动自如，说明这些部位没有骨折。如果宝宝某段肢体出现淤肿变形，一动就哭，那可能是骨折了。马上固定好骨折部位，平托着宝宝去医院。

（5）检查皮肤。检查有无外伤，如果有，看是否需要进行包扎止血，随后去医院就诊。

大多数情况只会在皮肤上出现青紫的痕迹，这一般是皮下出血，单纯性的淤斑3天左右即可自行吸收。

（6）观察宝宝精神状态。妈妈要注意观察宝宝，如果吃、喝、玩、睡没有异常，就可以放心了。

第4章 天使牌恶魔

（1周岁到2周岁）

他会走路了。

他会说话了。

他懂你的眼神，明白你的语言，了解你的心情。

忽然之间，他可以和你交流了。

他说出的每一句话都让你惊喜。

他的每一个思想都会让你觉得意外。

他是电。他是光。

他微笑的时候是天使。

哭闹的时候，是像天使一般的小恶魔。

但是多么幸运啊，他还是你的。

1.美男计

瑞瑞1岁零7天

话说自从瑞妈我也开始开车之后，停车成了一个很大的问题。

我所在的小区，已经有六年了，我刚刚搬进来时，周围还是很荒凉的，可是现在已经相当繁华了。小区里的车子，当然也是一天比一天多，眼见着现在到处都停满了车。

这种情况下，找车位成了个难题。不过，我很快就解决了这个问题！

解决的办法很简单……瑞妈我拥有天下无敌的超级口水帅哥瑞瑞！

早在我还不需要停车的时候，瑞瑞已经以我们家公关大使的身份，让全小区的保安都倾倒在他的尿不湿下！他是全小区唯一一个可以在保安亭里休息的宝宝！为什么呢？因为瑞瑞，一出门就不苟言笑非常严肃的瑞瑞，只要看到保安，就会送上灿烂的笑脸和口水，并且附赠比如“握手”、“敬礼”、“恭喜”等帅气逼人的才艺表演，惹得全小区的保安看到瑞瑞就花痴般微笑！在这样的情况下，瑞妈我的停车问题马上得到解决，我有了自己的专属停车位……

再次隆重地赞美瑞少……

妈咪的育儿经

是的。宝宝也是有社交的。要让宝宝成为愉快天使的秘诀就是，鼓励他和每一个熟悉的人或者事物打招呼。

不要怕麻烦，也不要怕尴尬，鼓励他和人多说话。你会发现，你的社交圈也会因为宝宝而扩大哦。有很多你之前可能永远不会去打招呼的人，会因为有宝宝在而变成有交集的人。请珍惜这样的机会！

专家咨询室

家长要注意经常抱出去玩，宝宝多接触生人，有助于宝宝社交智能的发展，而且还能减缓宝宝即将出现的怕生现象。无论给宝宝做什么，一定要与他多说话，尤其当宝宝主动向你

发出 咿咿啊啊 的声音时，一定要给予回答。当你和别人聊天时，不妨，也让宝宝参与进来，要知道，宝宝会试着用各种新的方法与你交流。比如宝宝微笑得很频繁，甚至假装咳嗽来引起你的注意，并且从宝宝闪亮热切的眼神中，你也应该读明白宝宝尤其想与你们交流，此时，应该积极地回应宝宝。否则，宝宝马上就会让你明白你的冷落会使他的情绪不好，会表现出眼睛无光；用小手遮住脸或转过头，他也开始学习抗议，必要时他会生气地大哭。所以，无论在什么时候，宝宝可是你关注的重心，要注意与宝宝交流哦！

2. 体检报告

瑞瑞1岁零9天

身高：80.6厘米，不过我看看应该过81了，因为是躺着量的，短了一点。这个高度是超高的……标准是76，好像。

体重： 毛重31斤，净重27.5斤……实在是……太胖了……胖得没谱了……医生指示说，让瑞瑞少走点路，因为太重，怕他的腿支撑不住自己的重量，会变形……至于吗至于吗……

牙齿正常。头顶那个啥门没合全。

总体来说，是个肥胖婴儿……

妈咪的育儿经

对于“胖的宝宝应该少走点路”这件事，瑞妈真的很郁闷……因为瑞瑞很喜欢走。

尽管他的腿真的没有变形，但是好吧，听到这种话总还是让人有点郁闷的。

所以，还是要特别强调的就是，一定要让宝宝学会爬。找他最有兴趣的东西让他爬过去拿。喜欢爬的宝宝最健康！

专家咨询室

周岁宝宝的成长指标：

男婴体重达8.1～12.4千克，身长70.7～81.5厘米；女婴体重达7.4～11.6千克，身长68.6～80.0厘米。

头围46厘米，胸围46厘米。长出6～8颗牙齿。

此时的宝宝能够站起、坐下，绕着家具走的动作更加敏捷。不必扶，自己站稳能独走几步。站着时，能弯下腰去捡东西，也会试着爬到一些矮的家具上去。

此时的宝宝喜欢将东西摆好后再推倒，喜欢将抽屉或垃圾箱倒空。有时候，他对别人的帮助很不满意，有时还大哭不闹以示反抗。

此时宝宝对说话的注意力日益增加。能够对简单的语言要求作出反应。对 不 有反应。利用简单的姿势例如摇头代替 不 。利用惊叹词，例如 oh-oh 。尝试模仿词汇。这时虽然孩子说话较少，但能用单词表达自己的愿望和要求，并开始用语言与人交流。已能模仿和说出一些词语，所发出的一定的 音 开始有一定的具体意义，这是这个阶段孩子语言发音的特点。

此时他仍然非常好动，在孩子周岁时，将逐渐知道所有的东西不仅有名字，而且也有不同的功用。此时他也许已经会随儿歌做动作。能完成大人提出的简单要求。不做成人不喜欢或禁止的事。隐约知道物品的位置，当物体不在原来的位置时，他会到处寻找。已经具备了看书的能力，他们可以认识图画、颜色、指出图中所要找的动物、人物。当然，这需要妈妈的指导和协助。

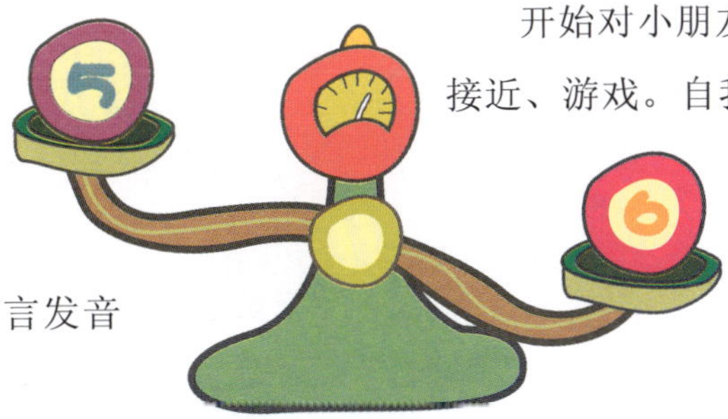

开始对小朋友感兴趣，愿意与小朋友接近、游戏。自我意识增强，开始要自己吃饭，自己拿着杯子喝水。可以识别许多熟悉的人、地点和物体的名字，有的宝宝可以用招

手表示 再见 ，用作揖表示 谢谢 。会摇头，但往往还不会点头。现在的宝宝一般很听话，想讨人喜欢，愿意听大人指令帮你拿东西，以求得赞许，对亲人特别是对妈妈的依恋也增强了。

3. 可怜的小屁屁

瑞瑞1岁零14天

说起来瑞瑞最近的大便是不是有点不对啊，每天拉两次以上，而且他不像小时候那样，拉大便的时候因为很辛苦，所以都要“嗯嗯”地提示一下，也让我们有心理准备，现在他说拉就拉，常常拉在尿不湿里，小屁屁红得厉害。

最近一段时间，连着好几天他都是半夜或者清晨就拉了。搞得我现在老是睡了一半去闻他身上有没有臭气，自己闻还不确定，还叫瑞爸也去闻……他很不愿意啦……

今天早上醒来的时候，果然又是个小臭臭。而他的小屁屁擦干净后，果然又红了……

这样说起来，是不是因为尿不湿太闷了？瑞瑞还算好的，一直用尿不湿都没怎么红过，我同事的宝宝好像一直都只能用尿布，因为一用尿不湿，屁股上就发湿疹呢。

妈咪的育儿经

瑞妈曾经做过一次尿不湿大调查，里面有一招省钱妙计，这里教给大家哦：可以把用过的尿不湿，拆掉里子，留下一个外壳，然后在里面塞进尿布，这样的话，尿布也变得非常方便使用！而且透气问题也得到解决！实为居家旅行之必备良方！不过……瑞妈没试过，但据试过的朋友说，挺好的！

推荐利器

基本上，在宝宝1周岁之前，婴儿湿巾是消耗量超大的必需品。其实医生会建议用柔软的毛巾来为宝宝洗PP，不过那个真的太麻烦了。所以，质量好的婴儿湿巾，乃是必备良品。

专家咨询室

使用尿不湿很方便，但是也有许多问题，如透气性差。有时宝宝尿了，并不能及时发现，结果宝宝很不舒服，还经常起尿疹，瘙痒更加重了宝宝的不适。我们建议，发现宝宝尿了就要更换，并且大便后和每晚睡前都要给宝宝清洗臀部，擦干后涂上湿疹膏，然后再裹上尿不湿。一旦发现宝宝有过敏反应或起了尿疹，应该立即停止使用尿不湿，改为尿布。在购买尿不湿时，要选择正规厂家。一般都是根据宝宝的体重选择合适的型号。

另外，还有传说，尿不湿会影响男孩子的生殖系统，关于这一点，专家是这么讲的……

4. 还是爱娘亲

瑞瑞1岁零71天

太奇怪了，瑞瑞忽然不理瑞爹了。

其实对于这件事，我没什么感觉，是瑞爹在抱怨，我才发现的。今天看了看啊真的耶！

他以前早上起床，都是要叫很大一串爸爸的，然后一看他爹，就自己一个人嘿嘿笑。这两天，完全没有耶！今天一直叫妈妈，然后我问他“爸爸在哪？”以前每次这样问他，他就会看看他爸爸，然后就笑起来。今天完全没有看他爹耶！

太奇怪了！

瑞爹郁闷得无以复加，好几个晚上都在分析为什么瑞瑞会不理他。当然怎么可能分析得出来……照理说除了前段时间早上瑞瑞叫爸爸的时候，瑞爹没醒来搭理之外，实在没有别的得罪瑞少的理由了。于是瑞爹痛改前非，早上无论多早，只要瑞瑞醒过来，他就努力睁开眼，讨好瑞瑞……

效果？

几乎没有……瑞瑞不太搭理瑞爹，勉强哼一声算不错了……瑞爹天天低声下气地讨好瑞少，痛苦地说："我这辈子长到这么大，还从来没有这么讨好过一个人哩！"嘻嘻……凡事总有个开始嘛……

不过对瑞妈我呢，瑞瑞就很好！

今天中午我起床，听到瑞少在客厅里大叫大笑，出去看时，他被阿姨放在学步车里，用沙发挡在客厅里一个人玩，阿姨在做菜，中间跑出来看他一眼，他以为那是捉迷藏，非常兴奋。看见我，他脸上绽出大大的笑，用力地喊：妈！妈！

哈哈……我心花怒放中……吃饭的时候他坐在我边上的儿童座椅上，拉拉我的袖子，一回头看他，他就装没事，缩头格格地笑……还是与娘亲好啊！

妈咪的育儿经

一个人的时间用在哪里，是看得到的。

把这句话送给瑞爹吧。你一定要多抽出时间来陪瑞瑞啊，因为，他真的是一个很喜欢和爸爸妈妈一起玩的乖孩子呢。

而当瑞瑞不理爸爸的时候，爸爸也只好摸摸鼻子，走开了。

因为爸爸陪瑞瑞的时间，真的非常非常少呢。

专家咨询室

观察和研究普遍证明，初生婴儿即可有情绪反应！如新生儿或哭，或静，或四肢舞动，都是原始的情绪反应。

经过多年的研究，现在人们普遍倾向认为，婴儿天生情绪反应有三种：怕、怒与爱，经典婴儿情绪发展理论的代表人华生还详细地描述了这些情绪的原因与表现：

怕。华生认为，新生婴儿的怕主要由大声和失控引起。当婴儿静静地躺在毯上时，器皿落下、屏风倒落等等，会立即引起他的惊跳，肌肉猛缩，继之以哭，当身体突然失去支持，或身体下面的毯子被人猛抖，婴儿会发抖、大哭、呼吸、双手乱抓。

怒。怒由限制婴儿运动引起。如用毯子把孩子紧紧地裹住，或按住婴儿的头部，不准活动，婴儿会发怒，他把身体挺直，或手脚乱蹬、屏息、尖叫。

爱。爱由抚摸、轻拍或触及身体敏感域产生。如抚摸孩子的皮肤，或是柔和地轻拍他，会使婴儿安静，婴儿会产生一种广泛的松弛反应，或展开手指、脚趾，发出“咕咕”和“咯咯”的声音。

5. 可怕的哮鸣音

瑞瑞1岁零27天

医生说，瑞瑞咳嗽的时候，有哮鸣音。

一定要小心！他很严肃地说，如果有三次听到哮鸣音的话，就算是哮喘！

哮喘！这个词太可怕了！

给瑞瑞做雾疗。就是在口鼻上套个东西，然后把药吸进去。

他根本就不肯，哭得要死。大家轮流上阵哄他，才勉强让他做完了15分钟的雾疗。医生说，还要做3天。

妈呀，能搞定吗？

妈咪的育儿经

说真的，哮喘真的是一种儿童常见病，我身边好多个……关于这件事，瑞妈也没什么好方法可说的。身边不少朋友带宝宝看的是中医，瑞瑞也是看中医的。

不管理论是怎么讲的，后来经我们总结发现，瑞瑞在冬天特别容易感冒咳嗽的一大原因是，他太容易出汗了。稍微玩一下就出一身汗，衣服就湿了贴在身上，只要我们没注意到，很快就会咳起来……奶奶的方法是，常备一块干的手绢，来不及换衣服时，把手绢垫在汗湿的背和衣服之间吸汗。

专家咨询室

婴幼儿哮喘，就是指3岁以前的孩子的哮喘病。一般来说，这种孩子开始时常常有感冒的症状，比如打喷嚏、流鼻涕、咳嗽等，有的还会发烧。几天以后孩子就会有喘息，一般表现为呼吸急促、呼吸声粗，有的孩子会感觉胸口憋闷、呼吸困难。

对这样的孩子，父母要注意听他呼吸的声音。哮喘病患者呼吸时会有啸鸣声。有的家长说孩子呼吸有嘶嘶的声音，或者是像拉风箱一样，这种特殊的声音代表着孩子的呼吸道阻塞。这时应尽快送医院治疗。因为如果这种喘息症状不能够及时缓解的话，甚至可能危及生命。

从医学上讲，对婴幼儿哮喘的诊断，第一个标准就是典型的啸鸣要有三次以上(包括三次)。也就是说，如果孩子上述症状出现三次，在排除其他可以引起啸鸣的疾病后就可以诊断为患有哮喘病。

6.飞吻和鱼及其他

瑞瑞1岁零46天

飞吻

学会了新动作，不过还不是很协调，他把小手放在嘴边（多半是鼻子上）一按，然后才“叭”一声。脸上笑嘻嘻的。

轻易不做这个动作，心情好的时候才做。

鱼

自从瑞瑞知道鱼食是放在鱼缸下的柜子里，并且学会开柜门的动作后，我们家的鱼明显胖了。他一天里会无数次会打开柜子表示要喂鱼，他总得得逞几次吧。

我怀疑总有一天，这些鱼会被撑死。

蛙蛙

不明白小孩子到底是怎么才学会说话的，完全没有规律可循。

他最近爱上了一只青蛙。这只青蛙在他的一张小椅子上。

他走过来，指着青蛙说：蛙蛙。然后就毫不犹豫地走掉了。没有丝毫过渡。

咦

他开始用“咦”表示惊喜。

我在PSP里存了很多张他的照片，给他看，他非常惊奇地瞪大眼。

咦！他说。用手去指那画面。

妈咪的育儿经

每一天，都有惊喜。他多学了一个词。多了解了一件事。多表达了一种情绪。

如果可以回头，其实瑞妈觉得应该给他拍更多照片，写更多日记，留下更多记念。

瑞妈在家里所有的家具上都贴了字条，上面有东西的名字。好吧，对瑞瑞来说，这一点，不通，因为他完全无视。

他就是说话，不断地说话。但是在识字方面，实在是很有点让瑞妈遗憾的，毕竟给他留了不少书啊。但他说得比瑞妈好。这一点，从1周岁以后，就看出来了。

总之，生在一个话痨家里，他想不会说，也不行啊。

专家咨询室

如何训练宝宝的表达能力？以下提供一些方法供父母参考：

（1）营造一个温馨安全的环境：宝宝在一个温暖安全的环境中，会乐于表达自己。

（2）同理心：对于宝宝咬人、丢东西等行为，要先了解原因，体察他的情绪，再教导他不会伤害到别人和自己的表达方式。

（3）发挥想象力：给宝宝看一些人不同表情、姿势的图片或照片，让他想象这些人为何这样。或与宝宝一起看电视，讨论剧中人物的表情、心意。这有助于宝宝学习到察言观色的能力与合适的肢体语言表达。

（4）适时的鼓励与赞美：当宝宝表达方式合适或有进步时，应给予鼓励。

（5）注意肢体语言的礼貌：跟别人说话时，勿用手指指着对方，而眼睛要专注对方的脸孔。不要两手臂交叉抱在胸前，这会使他人有压迫感与被排斥感。

（6）留意父母本身惯用的肢体语言：宝宝是父母的一面镜子，有蹙眉叹气习惯的父母，他们的宝宝一定也常如此。急躁的父母，其宝宝也一定不易安静。

7. 梦话

瑞瑞1岁零57天

我不知道自己有没有说梦话的习惯，估计没有，因为这辈子和我同床共枕的一共有两个人，一个是老妹，一个是老公，他们都没有询问过我关于梦话的事，我想，不是因为他们睡得太好，就是因为我真的不说梦话。

但是他们都说梦话。

现在我发现瑞瑞，原来也会说梦话。

他的第一句梦话是“妈妈”。声音很轻，过去看他时，他已经又睡了。

第二句梦话是前几天，他在梦里说“抱抱”。

昨天，不，今天凌晨四点，他醒过来，睁着眼睛，看到我，马上说，抱抱。

把他抱起来，发现他尿湿了，给他换睡袋尿片，他兀自躺在床上笑嘻嘻地看我忙过来忙过去。眉眼渐渐生涩起来。抱他入怀，轻声哄了一下，他睡着了。

半天，瞧他已经睡熟的样子，想把他放回小床上。刚一动，他小手抓住我的衣服，低低说一声“抱抱”。过了一会，用更轻的声音再说一句“抱抱”，然后，在梦里笑起来。我的一颗老心啊……软的就像春天的云……

亲爱的，只要你愿意，我会一直抱着你……啊……当然……后来我又困了，那是另外一件事……

妈咪的育儿经

有一次瑞瑞在梦里念儿歌……

他真是一个很会说梦话的小孩子。据老人说，小孩子做梦可是很有学问的，因为，神仙会到小孩子的梦里去教他们如何长大，所以，如果他们在那里拳打脚踢的话，多半就是在神仙的指导下，长大长大……

在瑞妈看来嘛，这些神仙上课一定让瑞瑞蛮紧张的……因为上完课，他就会放一泡尿……

专家咨询室

1岁的宝宝虽不善表达梦境，但是他会做梦。当宝宝接近2岁时，他就可以用语言来讲述对梦的回忆。

宝宝做梦的内容并不复杂，多半与白天的压力和情绪有关，宝宝对白天发生在他身边的事情，如受惊吓、被责骂、严厉的管教、突发意外等，会产生强烈的情感，并将它们储存在脑海里，到睡觉时便容易有做噩梦的现象。当然，好梦也同理。无论是好梦还是噩梦，它都是为儿童设计一个允许表现和虚拟的舞台，去做他在现实生活中不敢、不能的事情。总之，梦是一种心理缓和剂。

8. 天使牌恶魔

瑞瑞1岁零80天

如果天使也有恶魔的气质，无疑，瑞瑞算是一个。

最近3天来，他晚上都非常之折腾。基本上过了十二点，就开始不安稳，不时在床上发出“支吾”的声音，如果没人理他，就变成哭声。抱他，又立刻沉沉睡去，放回小床过不了20分钟，又醒。一般会这样反复到两点，才会再次沉稳入睡。

然后是早上四点半五点左右，又会醒来，不爽地扭动，要人抱着才会又睡着。

今天早上也是如此，五点多一点他的声音惊醒了我，抱他一回，看他睡着了放回小床。还没等我再把自己安顿好，又开始哭，身子往后扳成一张小小的弓，不晓得在别扭什么。

努力地把他抱起来，安抚他，让他身子终于放松。他住了哭，看着我。

问他：起床吗？

他不做声也不动。

再问他：宝宝是不是还想睡呀？

哗，立刻高高举起他的小手，态度坚决，立场鲜明。

把他调整成平时哄他入睡的姿势，几乎是立刻，他合上眼跌入睡眠。我被折腾得腰酸背痛的，可是低头一看，小胖脸上一朵微笑，实在是…… 半小时后，他已经醒了，也不吵，自己开始玩手指头。我和他闲闲对答：小蝌蚪都在找谁呀？

他把小手指到我身上来：妈妈！

哦，那爸爸是怎么睡觉的呀？

他先乐了一阵，然后发出打呼噜的声音……哎呀……真是的，怎么这么可爱呀……

起身把他搁到大床上，伺候他穿衣，恶毒地教他：六点半了，快叫你爹起床！

他扭过头去叫：爸爸……

我立马大力拍打老公：喂，儿子叫你了！

可怜个大胖子睡眼惺忪赶紧应声，俯过身来看儿子。瑞瑞开始学爸爸打呼噜。这下他真醒了，端详了宝宝一阵，半天，才说：宝宝，爸爸对不起你，让你从小在这种声音里长大……

喂，怎么不先和瑞妈我说对不起呀……

不过……亲爱的小天使呀，你晚上为什么要这么折腾妈妈呢？

妈咪的育儿经

瑞妈猜，可能是因为瑞妈的作息时间和一般人不一样，不是特别在意瑞瑞晚上起来三两次的折腾，所以瑞瑞一直到蛮大了，才开始一觉睡到大天亮？而且他有个不太好的习惯，醒来的时候，会要求我们抱他“到客厅里坐坐”。也许是因为，从小到大，他只要醒了，我就把他抱在怀里？

咦，现在想想，有可能哦。

不过，对医生来说，多半还是一个原因……缺钙！

专家咨询室

对付夜醒是最耗费精力的夜间护理工作。有些宝宝不用帮助就能很快平静下来。但是大多数宝宝都需要帮忙才能再度入睡，比如哺乳或者其他任何你能在凌晨三点想到的招数。

许多被宝宝弄得疲惫的父母用到的一种方法是“用手拍”。如果宝宝跟你一起睡，你就

很有可能感觉到宝宝在什么时候有要醒的迹象。这时，你就要用手掌轻拍他，阻止他醒来。然后逐渐移开你的手，动作要轻，避免惊醒他。

有时候，因为父亲的手掌大一些，他们做起这件工作来更有效。大人按心跳节奏轻拍宝宝的背部或臀部，保证他能马上入睡。

9.跌一跌，大一大

瑞瑞1岁零111天

瑞瑞今天摔了好几跤，其中一跤，撞到茶几，大哭。

听到出去看，他看到我像看到救星般扑入怀里，忽然，从嘴角挂出一缕血。

顿时，天下大乱，客厅里所有人都扑过来查看究竟，把他抱到阳台上细看，怕是牙齿嗑坏了，结果还好，是碰到下嘴唇里面，破了。

大家乱心疼地围在边上，不晓得该怎么搞。还在着慌的时候，瑞少已经收了泪，看看自己正坐在阳台上，于是指示：啊当！

阳台上的啊当，意思是瑞少希望能敲响阳台上挂着的一只铜风铃。风铃挂得高，需要用一个撑子才敲得到，近来瑞少喜欢自己拿着撑子，由我们抱着敲风铃。但是拿着撑子走路很危险，而且他下手没轻重，半小时前他拿撑子玩，打到外婆的脸，我已经板起脸批评过他了。但现在当然没话说，立刻有人去另一间房里寻了撑子来送到瑞少手上，他眼角还有泪痕，但手握撑子，已经满面春风了。

睡前喝奶，可能喝了奶后刺激到伤口，他不肯睡，和奶奶说：呜啊。

这是他第一次说这个词。

呜啊。他穿着睡袍，如同一只蚕宝宝，小手指着自己的嘴，呜啊。他说。

是不是指这里痛？问他：瑞瑞哪里痛？

他把手指头放进嘴巴里，看着我。呜啊。他说。又要求我们把他抱到爷爷这里，指着小嘴说，呜啊。

呜啊。

原来，以前听到大人哄小孩子说“呜啊痛痛”，不是大人想出来的词，倒是小孩子自己本能说出来的呀？

妈咪的育儿经

我们分析瑞瑞摔跤的原因，主要是他头太大了。你想啊，他的帽子瑞妈都能勉强戴上了……好吧，其实是有点夸张，但他的头肯定是很大！总之看起来就不是很稳当的样子！

不知道是不是因为这个原因，他的胆子也很小，对于一切要攀爬的玩具都一定要拉着大人的手上去。一点儿不像男子汉……

但也有可能，是因为他没学爬就学走的原因，这种应该是官方解释吧！

专家咨询室

学习走路和学习说话相似，要给宝宝一个适应的过程，爸爸妈妈不要心急。这个过程中，他可能出现种种问题，要细心观察宝宝走路时的细节，帮他解决这些问题。

在迈出了第一步之后，还需要大约3～6个月的时间，宝宝才能很好地控制脚步。没有跌跌撞撞的过程，是不可能完全控制自己的脚步的。

这个时期的孩子会经常摔跤，主要原因有二：一是他的肌肉还不是很结实，需要慢慢适应走路带来的负担和压力。二是宝宝的平衡能力还在锻炼过程中，控制平衡能力的内耳还需要一段时间的“锻炼”和“成长”。不过，到了2岁左右时，如果在平坦小路上走路，他还跌跌撞撞，除非他是有意这样做，否则就要带他去看医生了。

10.瑞少好象

瑞瑞1岁零139天

不知道为什么，瑞瑞最喜欢的动物，就是大象。

只要看到大象的图片、视频、木雕，都会看上很久。

今天给他买了一张儿歌VCD，大概有二十几首，放起来的时候，前面的歌他都一首首看下去，结果第十四首儿歌，背景是大象……这下好，从第十五首开始都有些什么，我们就都不知道了，因为只要这

首歌一放完开始放别的，他就小手一指，说，阿大！

只好设成反复，他就一直坐在那里看……看了好几十遍……我想这下他总该腻味了吧……错！该小朋友仍不接受其他儿歌，只是说：阿大！

刚刚去买了动物世界之大象篇，给他看！

妈咪的育儿经

瑞瑞在很长很长一段时间里，只对大象感兴趣！这种兴趣大到连瑞妈都开始有点担心的地步，因为觉得：他怎么就只喜欢这个呢？

那段时间，那些儿歌碟片里，有大象画面的那一段，会因为他要求反复看，而导致最后看坏掉……算是瑞妈人生里第一张纯粹被看坏掉的碟。当然，后来有很多张。

后来，有一次，他看了一遍狮子王。那个应该是2周岁后的那个春节，他立刻爱上这个片子，这次不但是因为看太多遍把碟片给磨坏了，而且不止磨坏一张……到最后没有人愿意陪他看电视了，因为他永远只看那张碟片……我们都看吐了……

话说，宝宝的兴趣，好像就是这样的，在一段时间内，始终维持在一个兴奋点上……然后被新的兴趣点取代。

在他快3周岁的时候，他的兴趣是恐龙。这次维持了有大半年，直到后来，他爱上奥特曼。总之，你真的不知道一个宝宝是为什么会改变自己的兴趣！

专家咨询室

为什么宝宝喜欢重复看同一张碟，同一本书，玩同一个游戏？心理学家认为宝宝喜欢重复是低龄儿童共同的心理特点，对儿童的发展至关重要。因为这个年龄的宝宝虽然能够再认知，甚至能觉察和补充故事中遗漏的地方，但自己还不能很好地讲述故事，因此，他喜欢“你讲他想”的方式。还有，年幼儿童的认知

能力有限，因此只有在不断重复的过程中才能不断发现新的东西，我们认为“没意思”的重复对宝宝来说并不是简单的重复，而是每次都有新的感受和体会。

所以，面对喜欢“重复”的宝宝，父母一方面力求用新鲜的事物吸引他，另一方面也要适当满足宝宝的这种“重复”的需要。

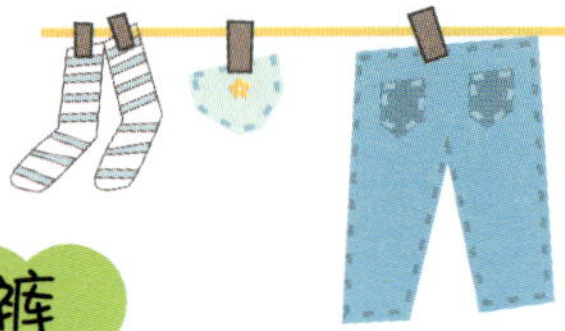

11. 开裆裤

瑞瑞1岁零149天

一直觉得小孩子穿开裆裤实在是无比难看的一件事。所以瑞少一直到昨天为止都是24小时包尿片的。

但他快1岁半了，真像老外的小鬼一样，包尿片包到3岁，好像也说不过去。所以前天我在小店里买了好几条裤子，按店主开了裆改成开裆裤，打算让他学习自己大小便。

所以今天是瑞少第一天穿着开裆裤。

成果是已经换了三条了。没有一次是把出屎尿来的，都是实在把不出放在边上2分钟后，他就微笑着拉了一蹦……

晕……

妈咪的育儿经

热情地表扬。仔细地观察。轻微地强迫和诱导。无比的耐心。很多水和洗衣粉。足够换的裤子。

以上是培养宝宝自己学习大小便需要的东西。

嗯，瑞瑞很早就学会自己说要拉臭臭，但是尿尿总是不请自来。大概要到2岁半的那年夏天，才算是比较顺利。

当然，尿湿裤子，也是常有的事。

推荐利器

隔尿垫巾！瑞妈说的是那种很大张的，可以垫在小床床单下的隔尿垫巾。它的好处是就算宝宝晚上尿床了，也不至于搞得很狼狈，因为它不但防水，还挺吸水的。有时候瑞瑞要睡大床，就格外需要它了，很赞的东西，尿床宝宝必备利器！

专家咨询室

在培养宝宝自己大小便习惯的时候，要记住多夸宝宝，哪怕只成功一次，哪怕是协助他成功一次，也要使劲夸他，让他觉得自己做这些事情妈妈会高兴，他就会努力去做得更好。

如果一味怕他会尿湿裤子，总是约摸着到时间了就端着他去尿，他就根本不用自己主动去尿尿了。

2岁多的宝宝，应该已经有控制自己尿尿和便便的意识了。妈妈也要细心多观察，通常宝宝在想尿尿之前会有一定的表示，比如他会突然有点儿情绪不对，烦躁，这时妈妈可以提醒宝宝蹲下，让宝宝自己尿尿。

妈妈一定要有耐心，不要怕宝宝尿湿裤子。要保持轻松宽容的心态，既关注也要有分寸。大小便训练只是宝宝成长过程中的一部分，每个宝宝发育程度都不同。训练过程应循序渐进，不要和其他宝宝相比，更不能因为宝宝出了 事故 ，呵斥或者打骂。儿童专家特别指出：如果父母对宝宝大小便问题过分关注，宝宝可能不自觉地利用这种心理，或者消极抵抗，或者屡报假情况吸引成人的注意。

12.自己爬起来了

瑞瑞1岁零166天

已经是七点半，问他要不要喝奶，他说好。

换上睡衣，和大家问了晚安，喝奶，他有点朦胧了。抱着他实在是太热了，把他放在小床上，给他讲故事，讲龟兔赛跑……讲了一半，发现自己讲出了很奇怪的情节……原来是自己快睡着了……赶紧清醒一下，结果瑞少支起身子冲我笑。

算了，把他抱出来放在大床上。他撑着我的身子站起来，反正这是我印象里第一次他由躺着变成站着。这个胖子，行动能力始终相当一般，现在走路也有点跌跌撞撞，躺着一般是站不起来的，如此看来，这岂不是瑞少人生中很重要的一个时刻？

瑞少显然对此也相当满意，他站好，四下打量一下，惊喜地发出“咦”的一声，看我们夸他，立刻大力鼓掌，并且再接再厉，扑回我的肚子上，再爬起，再扑下，再爬起……

总之，瑞少其实平时是很少有机会在床上玩得这么疯的。他穿着睡衣，从我的肚子倒到外婆的肚子上，然后爬起来，冲着我们大笑，口水流了半床……

晚上九点，在瑞少来说，这已经很迟了，今天他白天又没怎么睡，平时如果这种情况他一定七点半就睡了，今天这么迟，瑞妈我默默地希望明天也同样能迟点起床……在他喝了半瓶奶之后，他终于睡着了……

亲爱的瑞瑞……在梦里，有天使在和你玩吧，所以，你在梦里，也笑得这么开心呢。

妈咪的育儿经

他由躺着变成站着的情况，远远没有他第一次自己起床让我们觉得惊喜。那天他在睡午觉，我们在客厅里聊天，忽然发现，他已经站在门口了。

我起来了。他说。而我们一客厅的人，就张嘴结舌地看着他。

多么幸运，亲爱的，你让我可以目睹，这么多的第一次。

专家咨询室

1岁半宝宝的发育指标：

生理指标：满1岁半时，男孩体重达9.1～13.9千克，身长76.3～88.5厘米。女孩体重达8.5～13.1千克，身长74.8～87.1厘米。出牙12～14颗。前囟闭合。头围45～46厘米。

饮食：此期宝宝一日进食量大约需要：粮食150克，肉40～50克，鸡蛋一个，牛奶250～500毫升，豆制品25～50克，蔬菜和水果150～250克，油和糖各10克。每天安排三顿正餐，上午、下午各加餐一次。体重超过13千克的孩子少给吃热能高的零食，可选用水果。

起居：睡眠13～14小时，白天睡两次，1.5～2小时。应训练宝宝坐盆大小便。尝试让孩子自己吃饭。注意保持孩子口腔卫生，吃饭、吃糖后要喝白开水。每天应有2小时以上的户外活动时间。

游戏：这时的孩子喜欢全身用力的玩具，可以发展孩子的运动能力。父母要帮助宝宝玩秋千、滑梯、推车、皮球等。可以给孩子积木、画笔，发挥他们的想象力。孩子已经能看画册了。有条件的话，要带孩子玩沙子、玩水。

教养策略：这个时期，根据孩子的个性进行喂养，强迫孩子吃不喜欢吃的食物，会使孩子讨厌吃饭。以孩子的喜好给孩子配备玩具，游戏的第一目的是使孩子快乐。多与孩子交谈，沟通感情，训练孩子的语言表达能力。不要教孩子"小儿语"，用标准的说法指导孩子的行为，用正确的语言与孩子说话。日常生活中引导孩子观察、探索，保护孩子的好奇心。教育中应该有性别之分，帮助孩子理解自己的性别。只有孩子做危险的动作时，才可以斥责。

发展指标：能较平稳地走路，摔倒时能自己爬起来。能指认成人说的物品。能按照指令做一些简单的动作。能用动作和发出音节回答成人的问话。认识生活中常见的几种动植物。

13.1岁半宝宝会说的话

瑞瑞1岁零176天

再过几天，瑞瑞就1岁半了。想想，时间过得真是快啊，两年前的现在，宝宝在我肚子里才多大啊看当年的博客，当时做的B超，他的头应该只有乒乓球这么大吧，现在，每天早上都会叫大人起床啦！

瑞瑞其实算是一个挺爱说话的孩子，最近常说的一句话是：不敢。为什么呢？因为上星期天去动物园看到大象，给他留下无比深刻的印象。他完全不敢走近去摸大象，所以这两天，每次说到大象，他都会认真地看着你，一边摇头一边感叹地说：不敢！

不敢做什么呢？大象！他严肃地告诉我们。

自从他学会说"起床"，我再也不可能在他醒来之后装睡觉了。原来他还不会说话，只会冲我笑或者叫几声，我还可以赖下床，现在他一大早五点不到，就在我耳边说：妈妈，起床，起床！

只好起床。

有一天起来了，他要喝水，我让瑞爷给他拿，瑞爷拿了水给他喝，他接过去说"谢谢"。哇，瑞爷激动得都快哭了，"怎么这么有礼貌呀宝宝，

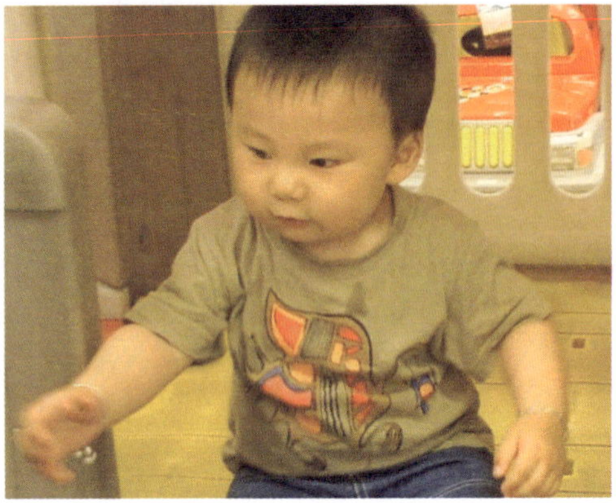

不用谢不用谢！”瑞瑞慢条思理地喝了一口水，又接上去一句“宝宝”！嗯嗯，其实他不过是想说“天线宝宝”而已，只是中间的气喘得大了一点，这个当不仅瑞爹上过，瑞外婆也上过。

妈咪的育儿经

瑞瑞不会说杭州话。

基本上，他的语言就只是普通话而已。周围有很多宝宝，也都是这样的：从小，就只会说普通话而已。除非家里老人或者保姆不会说普通话，不然的话，宝宝好像不太接触得到杭州方言。

不知道这是好还是不好呢？

专家咨询室

为避免方言民俗文化的流失，传承我国丰富多样的民族地方文化，我们有必要让孩子学习方言。0～6岁是孩子语言发展的敏感时期，他们具有惊人的语言学习能力。不同语言的发音部位和发音方法不同，可以让孩子的发音器官得到良好的锻炼，掌握不同的发音技巧。而两种语言之间的转换，也可以使孩子大脑的语言转换机制得到更好的发展。此外，方言也可以促进孩子与长辈、特别是只会使用方言的祖辈之间的沟通。对外地移民的孩子来说，学习当地的方言也便于他与同伴更好地交流，尽快被接纳，适应新的环境。学习方言还能让孩子从小接受地方特色文化的熏陶，形成良好的本土文化归属感和认同感。

在教方言的过程中，家长需要注意以下几个方面：

（1）家长在教孩子的时候，要注意自己发音及词语使用的准确性。

（2）在教孩子学语言时，语调要夸张，语速宜较慢，发音须清晰，并及时应答，这样有利于延伸扩展孩子的词汇量。

（3）方言的学习不是越多越好，家庭中语言的刺激也不可过多，如果一家几口人每人各讲一种方言，过多的语言刺激反而不利于孩子辨别和学习语言。

（4）学习语言过程中不要给孩子过多的压力。如果采用强制性的办法让孩子学习，对于任何一种语言的学习都是极为不利的，容易让孩子产生畏难、反感情绪。特别是方言这样一种通俗化的交流语言，其特点之一就在于沟通的轻松性，如果在孩子学习方言之初就过分强调某一字词的发言准确性，容易让孩子产生压力，不愿意开口尝试。

14. 月亮弯弯

瑞瑞1岁零190天

两点多快三点，他醒了。

先是咿呀做声，后来就开始说话。当然，一般情况下，他从梦里醒来，说的话左右不过是和大象有关的词，（也许他上辈子是只大象？）今天说的是“亮油油”，什么亮油油？大象亮油油。大象为什么亮油油？大象洗澡。

困得半死，把头和他贴近了，半合着眼，想把他哄睡着。小时候，还可以一把抱起，现在要先问过他的意见，他不肯让你抱时，绝不会安心让你抱着。我和他商量，宝宝，妈妈和你一起再睡一会吧，好不好？

好。他很干脆地先答应。

但是不睡，摸我的脸，叽里咕噜说着话。我有一句没一句的应他，间中劝他睡个觉，他只是笑。看我渐渐不说话了，忽然支起身子说：哎呀！

吓了我一跳，清醒过来看他，他大笑，越过我身子去看爸爸在不在。

爸爸出差。我说。

爷爷。爷爷睡觉。

大象。大象也睡觉。

小象。小象睡觉。

咪咪象。咪咪象当然更在睡觉了。

妈妈。妈妈其实也真的很想睡觉……

瑞瑞停了片刻，又开始出声。

高！他说。

勉强应和他，高，什么高？

星星！

月亮！（他前几天玩积木，忽然拿了一块半圆的积木，举高了说：月亮！月亮弯弯！）

哦哦，对对，星星月亮高。

山！

山？我再次清醒过来，山吗？宝宝应该对山没有深刻理解吧！不过他这样说，实在是……让人很意外咯……

高山！大海！

他念诗一般地讲着……

好的，宝宝，等你再大点，妈妈都带你去看……拿出手机看看时间。晕，四点都没到……

困……我要睡觉啦……

宝宝开始扯身上的睡衣。不要！拿掉！

什么拿掉？衣服！

啊？那不行。为了让他安静，我决定给他讲故事。

但是话到嘴边变成了：宝宝给妈妈讲个故事吧！

好！

啊？真的好啊？那就讲个小鸟唱歌的故事吧！

宝宝想了想。

叽叽喳喳！他说。哎呀！黑乌鸦！哇哇哇！鸭子！嘎嘎嘎！（故事原来是这样的：有只灰麻雀，整天唱着叽叽喳喳叽叽喳喳，哎呀，真难听！有只黑乌鸦，整天哇哇哇，呱呱呱，吵死了！有只白鸭子，整天嘎嘎嘎，烦死了！）

五点二十。把他抱出去交给奶奶。

回到房间，倒头就睡……

天啊……宝宝……

妈咪的育儿经

关于想象力这件事，是天生的还是可以训练的呢？

比如，用一块半圆的积木形容月亮。这个时候，他应该对图形啦，名称啦，有自己的理解了。然后有一次，他在那里说，下雨就是“天在哭”！

瑞妈还以为他的想象力已经到这种程度了……结果后来知道，是他姨奶奶在回答他“为什么会下雨”时，说的答案。

瑞妈马上要求大家以后不要用这种答案来回答他的问题。宁愿直接用比较不好听的但是正确科学的回答，他不理解没关系，但会有印象……

不过，这样是不是又太严肃了呢？

专家咨询室

宝宝想象力的发展与他的年龄有着密切的关系。宝宝在各年龄阶段，想象力的发展情况如下：

1岁半以后，宝宝开始玩假装游戏。2岁前宝宝的假装游戏比较简单，基本没有什么创新的成分，大多是他生活的简单重复，与周围人群的生活没有什么联系。

到了2岁，宝宝的假装游戏加入了一些比较复杂的内容，宝宝可能通过观察与思考，慢慢尝试概括自己或他人日常生活中的一些行为，再将这些行为加入到他的假装游戏中去。比如他会学着妈妈的模样，拿起一个玩具电话通话。

过了2岁，宝宝对周围发生的事物有了更多的理解，他的假装游戏也因此变得越来越复杂。比如，宝宝会把任何其他物品当成电话，将它拿起来开始打电话的游戏；宝宝利用自己综合生活经验的能力，让一些新的生活经验变得更有意义。

3岁是宝宝想象力游戏的一个分水岭。过了3岁，随着宝宝各种知识的积累，他的想象力也越来越丰富，除了日常生活中常常遇到的一些事情，他甚至开始想象一些我们根本就无法想象的事物来开展他的假装游戏。3岁以上的宝宝开始对“过家家”的游戏产生浓厚的兴趣，他喜欢尝试各种不同的角色，来满足自己的好奇心，展示自己对不同角色的理解。

15. 假的

瑞瑞1岁零193天

下午带着瑞瑞去了马睦路上新开张的金宝贝玩。这家店开张没多久，东西很新很好，地方也大。可能因为瑞瑞也大了一点，不像以前那么怕生，他很喜欢这个地方，玩得不亦乐乎。

从金宝贝出来，按计划，去了瑞姨的学校。

瑞姨学校里的女同事，据说瑞粉相当之多，下午听说瑞瑞要去，本来可以回家的都留在单位里等他。所以瑞姨打了好几个电话来确认我的行程。

瑞姨和两个同事在校门口等我们，看到瑞瑞，那两个女孩立刻嗤嗤地笑了起来……

我猜想瑞瑞的人生里，大概从小就会建立起一个“女人实在是奇怪生物”的概念。因为在学校里的半小时内，他身后都跟了一大群的女人……这些女人脸上都露出花痴般的笑容……

最后一站是我们报社，瑞瑞照例受到了女人们的欢迎……不过他注意力已经没那么集中了，快五点了，他要回家。所以他只有说再见的时候，反应最快，其他时间都不说话。

回家路上，等红灯时，看到路边一家酒店门口，有一支礼花状的彩灯。他忽然兴奋地指着说：嘭叭！（他是这么叫礼花的），大家找半天没找着，他又说：假的！

晕，他已经能搞懂真假了吗？

妈咪的育儿经

关于真假这件事，瑞妈有一个迷惑。

瑞妈一直认为，小朋友看童话的时候，都会以为那一切都是真的。

而瑞瑞是从快2岁时，渐渐开始看那些情节很强的童话故事。在2岁前，他看的是DISCOVRY频道的大象专辑……

他非常热爱那些会说话的动物。然后在他3岁的时候，也就是在刚开始整理这本书的时候，有一天和他聊天，说到谁会说话，他说，只有人会说话。

瑞妈问他：蓝猫故事里的蓝猫不是也会说话吗？

他马上笑起来：那个是假的！

一个3岁的小朋友，已经可以确信，童话是假的吗？

专家咨询室

其实，像1周岁多的宝宝，已经有足够的察言观色的能力了。他们的判断力超乎我们的想象，他们的神经能感受到许多成人无法察觉的东西。半岁大的婴儿能区分2张猴子脸的不同，而成人则无法看出来。

多年来对婴儿的研究还表明，婴儿能够判断成人的脸部表情。将毕加索画像里的眼睛和鼻子交换位置后放到婴儿面前，婴儿会把脸转过去，但如果把真实的毕加索画像放到他面前时，他马上就被迷住了。

16.我们来谈个条件吧

瑞瑞1岁零209天

瑞瑞爱大象，当然这个是众瑞粉都了解的事。不过可能不一定知道瑞瑞喜欢到什么程度。

首先，这个喜欢，套用叶公好龙这个词呢，是蛮适合的。基本上瑞瑞最爱的大象，全部是以视频这种高科技的形式表现的。

至于我千辛万苦甚至是扛橘子从美国带来的玩具象，他是一只也不喜欢。至于真实的大象嘛，看是要看的，亲近是不要亲近的。

话说昨天，他又在家里吵着看大象。吵了很久，说了妈妈好外婆好外公好……等说了无数好话后，我也只好去开电视机。其实不让他看，真的是因为怕他看太多电视，眼睛看坏了。另外嘛，外婆家里，一共只有一张碟片里面有大象，而且这个片断从头到尾也不超过一分半钟，他要看的，就是这九十秒的不断循环往复，实在是……

一边开机，一边微微有点恼怒，回头看看瑞瑞，不晓得为什么说了这么句话：瑞瑞，快去边上打三个滚，妈妈这里就弄好了，可以看大象了。

谁能想得到啊，我们家的瑞少……

他也不说什么，就默默地，走到了边上的地垫上，坐下，再躺倒，开始打滚……

谁来告诉我，这

样好吗？

后来外婆和我说，今天下午他们在家里玩的时候，外婆想给他把尿，恰好他要看大象，外婆就说，你先尿尿，我们再看大象。

于是瑞瑞很配合地尿了一把（他平时不喜欢被人把着尿，经常前一分钟问他尿不尿，他说不尿，后一分钟，就尿湿裤子了），外婆也就让他看了大象。

两小时后，又到尿尿时间，外婆又追着瑞瑞问了，瑞瑞，你要不要小便？

还差几天就满19个月的瑞瑞，冷静地回答了一句：看大象，小便！

……………………

虽然现在看起来，倒还没这么严重，但仔细想想，其实是的。他可能不是故意的，但是这当中的微妙平衡，也许他已经有掌握的本能？

妈咪的育儿经

和宝宝讲条件好不好？这个真让人困扰。

其实很多时候，他已经清楚地知道，要得到一样什么东西，必须付出另一样东西。打个滚，尿个尿，为了吃一颗糖而吞下一杯药……

让人困扰的是，这个会不会影响他的世界观，让他觉得，任何他不想做的事情，如果一定要去做的话，就非要我们拿一样他想要的东西交换？

专家咨询室

研究表明，从2个月开始，宝宝开始喜欢观看人的面容。据观察，即使宝宝在生理上困倦或饥饿时，看见熟悉的面容也会微笑、手足挥动。这说明宝宝不仅有生理需要而且也有社会性需要。但有的妈妈忽视了宝宝这种最初的反应，只是满足他的生理需求，对宝宝的无理取闹也无条件地迁就忍让，这样宝宝就会形成不正确的是非观，养成许多不良习惯甚至影响一生。因此，爸爸妈妈们应注意以下几个方面：

（1）统一是非标准，在宝宝饮食、排便、睡眠、卫生、礼貌等方面建立良好的制度。严格执行并取得全家人的共识与行动的一致。

（2）利用表情动作、简单的语言对宝宝的行为加以肯定或否定。半岁以后的宝宝，逐渐对成人用表情和语言表示的称赞和责备有所反应。当宝宝表现差时，可以置之不理。但是成人一定要客观评价宝宝的行为，不能根据自己的心情去判别宝宝的是与非。

（3）丰富宝宝的生活。只有丰富多彩的活动，才能给宝宝更多的锻炼机会。宝宝几个月时，可以用音乐、玩具等逗引；稍大一些，可以带宝宝多外出活动，与成人及小伙伴交往，教宝宝正确的礼貌行为。在宝宝养成良好的行为习惯的同时，他也明确了人生的一点点是非。

17. 瑞瑞会背诗啦

瑞瑞1岁零215天

这天小雷在说他的儿子，已经能跟着大人背诗：春眠不觉……“晓”，处处闻啼……“鸟”。这样。

哦。那我也试试看，虽然其实念得也不多，但还要试一下。春眠不觉什么？他看看我。晓！

啊呀呀，瑞妈我大喜。处处闻啼什么？鸟！

狂喜之下，再问下去，瑞少很矜持地闭口不说了。不过就这两个字也已经让我足够高兴。

这两天，下意识地，多背了几遍给他听。

今天早上起床，五点十分，我困得眼都睁不开，他吵着要看大象，好吧，放大象给他看，抱着他又迷糊了一会儿，突然觉得不对，睁眼一看，他的脸就在我面前，见我忽然睁眼，乐得大笑。

挣扎着清醒一点，想点什么和他说吧，背诗背诗！

春眠不觉……晓！

处处闻啼……鸟！夜来风雨……声！花落知多……少！

啊呀呀，这么能干！再试一下好了！

床前明月……光！疑是地上……沉默……好吧，妈妈告诉你，疑是地上霜！举头望

明……月！低头思故……乡！

完全清醒过来，为他拍手，他也很高兴，跟我拍。

这个早上，大概有四五首诗，他都能用这样的方式背下来。真是让瑞妈我老泪纵横……

言绝句，他都有印象，稍微提醒他一下，他就能背下来。

但是，新教他的，他就背不好了，主要是还不太会说呢。

真可惜，睡前诗我大概只坚持了几个月，就放弃了。早知道能让他有这么深刻的印象，应该把木兰辞背给他听的呀……

妈咪的育儿经

在很长一段时间里，瑞妈是用五言唐诗来哄瑞瑞入睡的。

为什么是五言唐诗呢……咳咳，因为那个比较简单。

事实上瑞妈发现，瑞瑞学说话后，那些五

专家咨询室

专家认为，从宝宝出生起就可以对宝宝大声朗读！宝宝从出生起就怀有强烈的求知欲，并非像你想象的那样只知道吃奶、睡觉、玩闹。宝宝出生不多久，就开始学习使用语言了，如果你在家里讲不同的语言，汉语和英语，宝宝也能很快学会。出生第一年对宝宝的语言学习非常重要，它为阅读打下了基础。

开始时，你给宝宝读什么不重要，无论是小说还是报纸都可以，重要的是你的声音和语调。等宝宝3个月大的时候，听过故事书的宝宝就能够表达出哪本书是他的最爱了。他能用小手或眼神给你暗示，即使你给这些书换上封面，宝宝仍然能分辨出来。

其实，也不用太长时间，每天给宝宝10～15分钟就足够了。

给宝宝大声念书不仅帮助宝宝学习词汇、

语法和句子的节奏，还意味着他在得到你的完全的关注，意味着他是被你爱着，这种安全感对宝宝的一生都有帮助。那些患有阅读障碍症的宝宝在很大原因上是因为在上学前所接触到的朗读不够。如果因为接触少而表现差，这种阴影就会给宝宝造成心理障碍，影响到他以后的学习。

18.吃饭还是睡觉，这是个问题

瑞瑞1岁零250天

瑞少今天起得早，四点多就嚷着要起床了。

带他起了床，别有用心地在客厅里把瑞少的木琴敲得叮咚响，成功地惊醒了外公外婆，在他们没好气的话语里，溜开睡回笼觉去了！哈哈！

结果等中午我起了床才知道，瑞少早上也不愿意喝奶，更不愿意睡觉，只是狂玩。外公炸了藕片出来给我们吃，给瑞少尝了一点，他很爱吃。

搬了椅子，让瑞少坐好吃中饭。他的眼睛开始慢慢闭起来了，早上实在起得太早，困了。

看他困得可怜，就问他：宝宝，睡觉好不好？

他的头已经渐渐低下去低下去，忽然一个惊醒，抬起头一拍肚子：饿！声音简短有力，掷地有声。但马上，他的眼睛又渐渐渐渐合上……完全是本能，在勺子送到嘴边的时候，会张开，再合上，然后咀嚼……嗯，做个小宝宝真是好，完全是饭来张口，一点儿都不错！

但瑞瑞，已经撑不住了，鉴于他说的那个有力的"饿"字，我们决定支持他，派瑞姨绞了一块毛巾给他擦脸。现在就是这样的：他坐在儿童餐椅上，左边是喂他吃菜的外婆，右边是喂他吃饭的妈妈，后边站着为他擦脸试图让他保持一丝清醒的瑞姨，前方坐着笑啊笑啊笑得合不拢嘴的外公……

而瑞瑞完全进入无意识状态，眼睛不断合上合上合上……再睁开。一颗大头先是往前倒，忽然抬起，又往后倒……但他完全没有错过任何一次勺子。问他：宝宝去睡觉好不好？他不回答。再问：是睡觉还是吃饭呀？他迷迷糊糊抬起头看着发问的人，说"吃……饭！"

忽然，他清醒过来了。"好吃！"他吃两大口鱼。看到大人们在为他的举止大笑，也欢喜地拍手。

然而几乎是立刻，他又渐渐合上眼睛。

最后问他：宝宝，吃饱没有？

"饱！"他说。

"睡觉好不好？"

"好！"

"那先尿一下。"抱他去厕所里，尿了一点点，再放到床上，几乎是立刻，他沉沉睡去。

就这一点来说，才20个月大的瑞少，实在是风格很踏实的宝宝：饿就是饿，饱就是饱，不打算减肥，也没想法多吃……

妈咪的育儿经

养小日日鲜，几乎每天都会让人有新的惊喜，当然也会有各种问题。"宝宝不爱吃饭"就是一个瑞妈常听到朋友说起的问题。好多朋友看到瑞瑞吃饭就很羡慕。

虽然也有很淘气的时候，可是基本上，还是很配合。

总结一下，可以列几点给大家参考哦。首先瑞瑞的零食不多。水果倒是常吃，但除非他说饿，不然就很少吃饼干之类的食物。他倒不是不爱吃，但凡吃到了，也会追着要，不过根本上我们还蛮少给他吃的。这样的话，他当然有胃口来吃饭啦。

还有就是，我们家里都有他专属的座位和餐具。抱着宝宝吃饭这种事，除非他生病或者偶然任他撒娇，否则一定是让他自己坐在自己的位置上的一个被大人抱在怀里的宝宝，是很难专心去做一件事的，但是坐在自己的位置上，就很有那种专业气氛了啦！

推荐利器

儿童餐椅！我买过两种儿童餐椅，都很好用，反正，就让宝宝觉得这是专属座位就可以了！其中我个人比较推荐的是一款好孩子的两用餐椅，它由两部分组成，椅子和小桌子，小桌子侧翻架上椅子，就成了比大人椅子高出一截的餐椅，椅子上配有塑料托盘。而把椅子拿下来，桌子放正，又是一套尺寸合适的儿童桌椅，可以用很多年……反正我们家现在还在用……相比起宝宝其他用品来说，这个性价比很不错！

专家咨询室

宝宝不爱吃饭的时候，你可以试着从下面这几个方面入手解决问题：

（1）避免边进食边看电视。

（2）尽量让孩子坐在高椅上，不能在椅子上玩玩具，要让他有正经吃饭的感觉。

（3）较少、分次鼓励孩子尝试各种食物。

（4）用语言赞美孩子不愿吃的食物，并带头品尝，故意表现出很好吃的样子。

（5）孩子对吃饭有兴趣后，家长要经常变换口味，以防孩子对某种食物厌烦。从婴儿期，就适时给孩子添加蔬菜类辅食，蔬菜汁或蔬菜水，1岁左右就可以吃碎菜了，可以把碎菜放入粥或面条中。包子、饺子等有馅食物大多以菜、肉、蛋等做馅，这些食物便于孩子咀嚼吞咽和消化吸收，且味道鲜美、营养全面，对于不爱吃蔬菜的孩子不妨给他们吃些带馅食品。如果孩子不喜欢吃熟菜可以适当吃些生菜。

（6）宝宝不想吃饭不要硬逼。如果宝宝吃到一半说吃不下了，不必劝饭立即收走碗筷就是了。事后万万不可另做别的菜或者塞小点心给宝宝。

19. 被热水烫到了

瑞瑞1岁零273天

今天，瑞瑞被热水烫了一下！

太惊险了。想起那天瑞姨说的，她朋友的孩子，比瑞瑞小一点，被烫伤了，原因是他们把热得快放在地上！这真是没脑子的行为……家里有2岁不到满地乱爬的孩子，怎么可以把热得快放在地上！

但瑞瑞是被饮水机里的水烫到的。尽管奶奶老早就把家里的饮水机换成了一种带门的样子，需要把门拉开才能打到水，但瑞瑞正是对一切像门这类东西感兴趣的时候，而饮水机又是我们总不准他碰的，所以……

幸亏，他打开门的时候奶奶已经看见，等冲过去抱住的刹那，他的手还是压下了热水开关，还好只是溅到一点点而已。但也已经让瑞瑞放声大哭起来……把奶奶给心疼地……

还好，其实就是红了一点点。要是整杯水的话，那就完了。

妈咪的育儿经

后来在很长一段时间里，瑞瑞都没有再去碰过那个饮水机。

有一次，瑞妈冲了个热水袋。他正好过来看见，问这是什么，我拿起他的小手，用指尖轻轻碰了碰热水袋的边边。告诉他，烫。

他立刻走掉了。这么想想，当时被饮水机的热水溅到一下，还不是件坏事。

怕他被烫到，就让他先知道“烫”的意思吧。

专家咨询室

宝宝烫伤后，妈妈应立即带宝宝到自来水龙头前，用自来水冲烫伤部位10分钟以上。因为刚烫伤时，热度还没有渗入内部，深部的组织还没有被烫死，越早冲洗，对组织的损伤就越浅，以后治疗起来也就比较快，不容易落疤。如果烫伤部位在衣服里面，要及时脱掉衣服，来不及脱，就用剪刀剪开，不过要小心。

不要自行涂一些药物或食品，如牙膏、酱油、面粉、香油、小苏打等，这些做法都是有害无益的。轻则污染烫伤创面，给以后的治疗带来麻烦，重则引起创面化学烧伤，使创面深度加深。

如果烫伤不严重，可以涂一些药膏，如湿润烧伤膏、绿药膏等，但不要包扎起来，让创面裸露，与空气接触，可使创面保持干燥，并能加快创面复原。如果只是触一下爸爸抽的烟头，这仅仅是把手指表皮烧红，不用管它，会自然痊愈的。

烫伤严重者应立即去医院处理。每个小孩的手掌大约有身体表面积的1%。如果小儿烧烫伤的面积在10%以上，表示病情较重，很容易合并脱水甚至造成休克，应赶快送医院治疗，切不可耽误。如宝宝发烧，局部疼痛加剧、流脓，说明创面已感染发炎，应赶快请医生处理。

20. 不听话的宝宝

瑞瑞1岁零298天

“我要看狮子王。”

“好吧，看5分钟。”

以上是最近这段时间以来，和瑞瑞最经常的对话。

然后……5分钟过去了……10分钟过去了……

要把瑞瑞从电视机前带开，是一件困难的事。也不能说他耍赖，因为他对于5分钟的概念，其实是完全没有的。他只知道，自己要看。在自己要看的时候被中止，这是他不能接受的。如果事情僵持到最后，OK，眼泪说来就来……

怎么让他离开，是一个技术问题。通常最有效的方法是，出现一个比狮子王更具吸引力的东西，比如巧克力……可是巧克力比电视机还要让人觉得没有安全感……

还真是，蛮困扰的。

妈咪的育儿经

后来，瑞妈发现其实小孩子还是很好哄的。一件很普通的事，如果你用一种夸张的、兴致盎然的语气说出来，他的注意力就会被你吸引过去。

但你要保证，那东西再普通，也必须存在。他最多发现，那玩意其实很一般，但不能让他发现，哎呀，根本没这么个东西。

比如你要说啊呀，这里怎么有朵小花，然后引他来看这朵花，虽然可能花真的很一般。但比你说啊呀这里有架飞机，然后他看的时候你告诉他，飞机已经飞走了……像瑞瑞这种脾气的小孩就会开始和你纠缠：我不要它飞走……

关于这方面，最强的就是外公了！外公的方式很MAN，就是直接把瑞瑞抱走，在他哭闹发作刚开始或者将开始时，迅速移到下一个场景然后展示新任务……既有力，又温柔，总之是不同于我们的MAN！

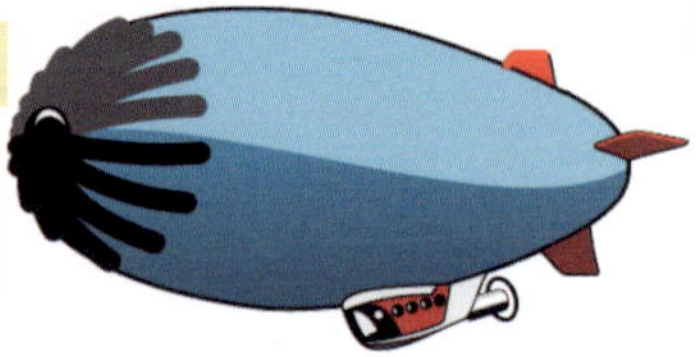

专家咨询室

当我们的宝宝发脾气时，作为家长应该首先了解孩子发脾气的原因。让宝宝能够发泄出来，比如说大声叫喊。然后我们及时地了解原因，找到解决的方法。等宝宝冷静下来的时候我们再跟宝宝讲道理，并且告诉他无缘无故发脾气的做法是不对的，以后当宝宝遇到不开心的事情时应该及时地告诉妈妈或者爸爸，让大家一起想办法解决。

运用转移法，家长可以做些奇怪的举止，例如突然把电灯关掉又打开，以此来转移宝宝的注意力，宝宝的脾气便发不起来了。因为宝宝年龄小注意力不集中，因此容易注意力转移。当我们还不是很清楚宝宝发脾气的原因时可以采取这个方法。

带宝宝外出，如果他突然发脾气吵闹，你就静静地把他带到车子里或洗手间去，等吵闹平息后，再带回原处。

宝宝做出了你不喜欢的举动时，先要看他

做的程度如何，如果只是无理取闹，或者不会伤害到身体，就不要理他，等他自然平息。孩子太吵的时候，你压低声音和他说悄悄话，他就会停下来听。

当宝宝作出令人讨厌的表现时做家长的干脆不理他，也不做出任何反应，既不看他也不理他，装作正在干自己的事情，一副什么都没看见的样子，这样宝宝自己就会平息下来。因为处于反抗期的宝宝有的时候做出些奇怪的举动只是想引起大人的注意。

当宝宝在你拒绝了他的要求后纠缠不休时，你不要没完没了地说服他，你可坚持用一句简单的话重复回答他，直到他听话为止。

在宝宝改正他的行为后，你应立即注意他，并及时表扬。闹得太不像话时，可让宝宝自己单独呆几分钟，当他安静下来时家长再进行安抚。

21. 我是去学本领的

瑞瑞1岁零307天

瑞瑞叫我起床。

"妈妈起床！去金宝贝！"他说。

瑞妈我困意盎然，勉力睁开眼，逗他："嗯，去金宝贝干吗呀？"

"学本领！"

"什么本领呀？"

"大本领！"他斩钉截铁地说。

昨天，他给我打电话，电话接起，他就说：天上没有星星，只有月亮！

后来，奶奶说，他自己观察完天空，说出此言后，非常激动，一定要打电话告诉我们。

他真是一个，很会说话的孩子。

妈咪的育儿经

要不要把宝宝送进早教机构？

专家有专家的说法，家长有家长的想法。就算在我们家，也是两派不同意见，爷爷奶奶外公外婆都觉得，其实没必要，但是，瑞妈还是对这件事有所坚持。

而且瑞瑞很喜欢金宝贝，虽然上课上了一半他会站起来要求老师给他在手上盖图章，但大部分时候他都很配合老师。课程结束后，也会在那里逗留到很迟，玩遍所有的玩具后才恋恋不舍地离开。而且瑞妈相信，很多影响是隐

性的，要一段时间后才有体现，一时半会儿看不出来的。就像他半岁时睡前听大人读诗一样的道理……

专家咨询室

对早期教育一说，许多父母并不陌生。然而，目前许多家庭中的早期教育却存在着观念上的偏差和方法上的空白：

误区1：早教只是单纯的智力开发。实际上，0～3岁婴儿的教育不是单纯的智力开发，而是教育引导孩子早期良好个性、人格、习惯、健康情绪情感的养成，是一种全面的教育。

误区2：早教只是盲目灌输知识。很多家长认为，孩子接受早教应该让孩子学会某种技能，无视孩子的兴趣。实际上，早教首先应尊重儿童身心发展的科学规律，了解自己孩子的特点，在孩子快乐的游戏中引导他吸收知识或掌握技能。

误区3：高智商家庭可以自己早教。许多家长觉得自己小时候也没有进行早教，自己同样上大学、读研、考博，自己完全可以对孩子进行早教。实际上，这类家长对孩子的教育方式要比普通家庭好，但和专业的早教班比，还是有差距的。

误区4：随时上早教班，没有计划性。目前许多家长已经认识到早教的重要性，但是考虑到孩子还小，等到1岁、2岁时才去早教。实际上，科学计划很关键。孩子6个月就可以进行早教。

早期教育的重点包括身体、良好性格和智力开发三方面内容，孩子早期良好个性人格、习惯、健康情绪情感的养成，是一种全面的教育，让孩子在健康、快乐中成长。

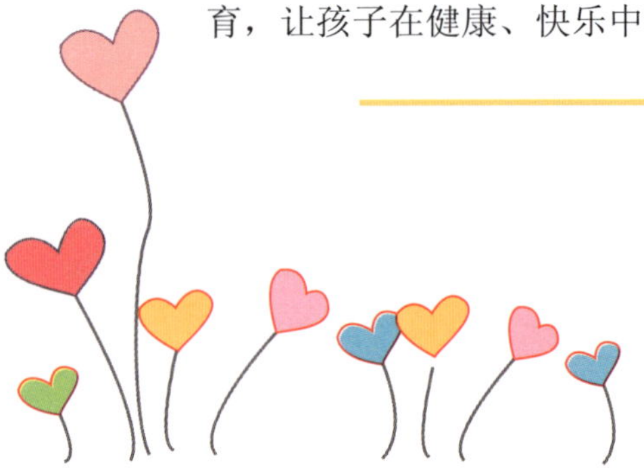

22. 玩具用好放回去

瑞瑞1岁零321天

长脸了长脸了。

带瑞瑞去杭州大厦买玩具，他坐在商家的小桌子边玩了半天小玩具，临走的时候，尽管营业员说“你们放着吧”，他还是坚持把手里的玩具送回货架上。惹得那个营业员不断夸说：这个小孩可真乖。

嘻嘻。顿时觉得倍儿有面子啊。

瑞瑞在家里，在奶奶的教育下，也养成了“用完东西要放回原处”的好习惯的。这一点，真的应该要好好表扬哦！因为作为妈妈的我，这一点就是做得很不好的！说起来，有一次瑞瑞说瑞妈我“乱七八糟”……不知道从哪学来的！

好在现在看起来，瑞瑞还蛮有这方面的优点，虽然发起脾气来也会乱扔……

总之啊，瑞瑞，今天妈妈发现，你离妈妈心目中的完美男人形象，又近了一步哦！加油加油！

妈咪的育儿经

其实像好习惯一样，坏习惯也会在不知不觉中形成。

从小到大，瑞瑞吐东西的时候，如果是生病吐，我们就会说，吐吧吐吧，吐出来就舒服了，当然不会在意他吐在哪里。如果吃饭的时候他觉得吃到不好吃的了，或者太烫了，辣了，也会吐，当然一开始我们都会很快去接或者帮他清理，总之，并没有想过别的。但后来发现，他尽管已经长大，可是只要觉得不好吃的东西，根本是一入口，就立刻吐出来，完全不管吐在哪里。至于吐痰……哎呀，太丢脸了。

好在，写这些话的时候他也刚刚才3周岁多而已，在大家的提醒下，有进步啦……相信，以后还会是一个绅士的。

专家咨询室

有位早教专家这么说过：要么养成好习惯，要么养成坏习惯，没有中间的路。培养宝宝好习惯要趁早，坏习惯一旦养成，长大之后改起来可是很痛苦的。

如何培养宝宝的好习惯？当无需爸妈的督

促，宝宝会自觉去做时，习惯就算养成了。这其中，言传身教最重要，把良好的言行渗透到日常生活中去，教导宝宝也这样做。

另外，要抓住宝宝想要学习的信号如果宝宝自己想学那是最好不过的了，不要因为害怕宝宝会把事情弄糟而包办代替，熟能生巧，总有学习的过程。另外，给宝宝一定的自主权，让他有自由决定一些事情，会让宝宝更有 学习的热情 。

接受宝宝的好意让他体会分享的快乐：爸妈都不想培养一个自私的、不爱分享的宝宝，却没有为宝宝创造一个 人人平等 的家庭环境， 特殊对待 其实对宝宝并不好。好东西只让宝宝吃，宝宝就会觉得这是应该的。

有时候，适当惩罚一下也是必要的！宝宝其实最怕爸妈不爱自己，有时让宝宝体会一下被冷落的滋味，也能让宝宝将心比心检讨一下自己的霸道行为。

最后，利用宝宝喜欢的故事里的人物，来影响宝宝的行为。比如天线宝宝里，每次开场宝宝们都会相互抱抱，所以每天回家，宝宝也会要求和妈妈抱抱。

23.2周岁总结

瑞瑞2岁了

今天，是瑞少的生日。他现在，身高97.5公分，体重35斤，是个超高超重的小胖子。外婆已经不能一把抱起他了。奶奶几乎天天抱着，终于有一天也说，哎呀，我的腰快受不了了。但他还是喜欢说，抱抱。

今天特别赶回去吃饭，吃完饭，给他讲故事。讲了好几遍小白兔和大灰狼的故事。他忽然爱上听有大灰狼出场的故事，用拖长的声音说：大……灰……狼。听我讲了两遍后，跟着一起念出儿歌 小兔子乖乖 ，我惊讶地发现，他会交替用粗细不同的声音在表演大灰狼和兔妈妈耶！

可是对数字完全没有概念，也完全认不清颜色，是谓不分青红皂白。可是无论什么时候，他都是第一个发现月亮的人。坐在车里，他说：月亮走，我们也走。等红灯的时候，他惊讶地说：月亮停住了！我说，是啊，我们停了，月亮也停了。他若有所思，下一个红灯，他说，月亮停了，你就停了！

他指着外婆家的花说，这朵小花长得

真可爱呀。然后自己去开电视，开完了，感叹说：宝宝为什么这么聪明呢？

嗯，这个问题，实在不好回答。

会背好些诗和儿歌，虽然他完全不了解这些诗是什么东西，但是他知道他背出来，会得到掌声。如果你不鼓掌，当然，他会要求你拍。最常背的那一首，不晓得为什么是"锄禾日当午"。会随时随地学大人说话，如果说的话是他能理解的，下一次他就会用上。所以，一定不能在他面前说脏话呀。

他说"妈妈哭！"妈妈我就装哭一下，他马上走过来，在我脸上亲个湿答答的吻。瑞妈我就笑了，说，宝宝啊，妈妈哭的时候，宝宝亲下就笑了，宝宝哭的话，妈妈亲亲也要笑哦。但其实他哭的时候，好像这一招并不管用。但是宝宝，如果有一天妈妈真的在哭，要记得亲妈妈哟。

很喜欢奶奶。因为很喜欢，无时无刻都想要去找奶奶。半夜里哭的时候，也会说，找奶奶。唉，宝宝，这样妈妈会内疚的呀，既对你内疚，也对奶奶内疚呢。希望你长大一点，会明白。

刚刚学会走路和叫妈妈的时候，每天早上三四次地进房里叫我起床。可是现在已经不来叫了。妈妈睡觉。他说。嗯，这样，妈妈其实也是很内疚的……妈妈其实应该爬起来陪宝宝玩呢……嗯……但是……啊呀，真的很困啦……对不起呀，亲爱的宝宝。

相信自己很帅了，这个宝宝。虽然不喜欢戴帽子，但是如果告诉他：戴着它会很帅，他就忍了。不过他知道，一坐进车子，就可以摘掉。然后，因为会变得很帅，在理发的时候，他可以做到一直不动，很乖地让叔叔剃头呢。

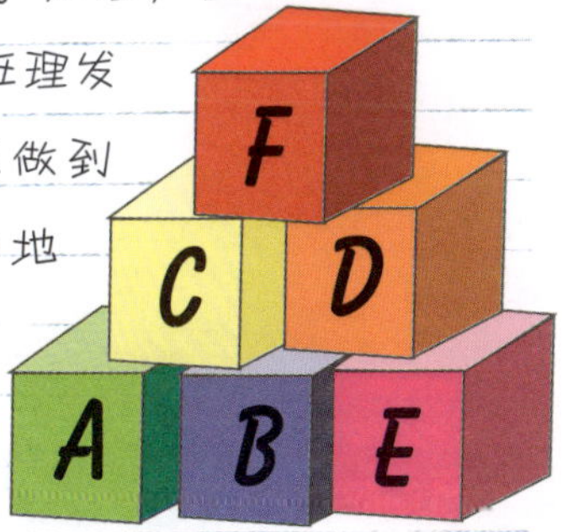

喜欢坐车出去，完全不反

对坐在自己的安全座椅上。所以妈妈大部分时候一个人带着宝宝出去，也很安心呢。事实上如果一个人带着宝宝出去，宝宝很快就会在车上睡着。如果车上有其他人，宝宝又不困，那么他会说很多很多话。啊呀，宝宝的话真是很多的呀。

一直没让他吃零嘴，直到前不久，给了他一块巧克力。啊啊啊，从此巧克力成为他的至爱，“吃巧克力！”他总是这样要求。后来知道了，自己会说“每天吃一块！吃两块牙会坏的！”嗯，可是为什么每次吃完后，总要说“还要”呢？

亲爱的，亲爱的瑞瑞呀……

专家咨询室

2周岁宝宝的成长指标：

体重：男婴为12.89公斤，女婴为12.33公斤。

身长：男婴为89.91厘米，女婴为88.81厘米。

头围：男婴为48.83厘米，女婴为47.67厘米。

胸围：男婴为49.89厘米，女婴为48.84厘米。

牙齿：出牙16颗。

运动机能：步态稳，能走或跑，双足同时跳离地面；能从地上拾起东西不掉落；下蹲容易。会踢球，会单独上下楼梯，能搭6～7块积木。一只手拿小杯子喝得很好；匙用得好，溅落很少。会串珠；用蜡笔模仿画垂直线和圆。会推椅子，爬上去拿东西。

心智：能正确指出10张图片中的7张；会一页一页地翻书。会转动门把手，打开盖子；用剪刀剪东西。会用积木一块块排列成火车；操作卡车载玩具的游戏。能重复说一件事；喜欢猜简单的谜语。注意力集中时间延长，记忆力增强；有300字的词汇。说话具有声调；不说隐语，说3个字的句子。能说代词，迅速说出熟悉物体的名称。会说自己的名字；能回答生活中的一般简单问题，说明一件简单的事情。能说动词；开始唱单调的歌。会认两种颜

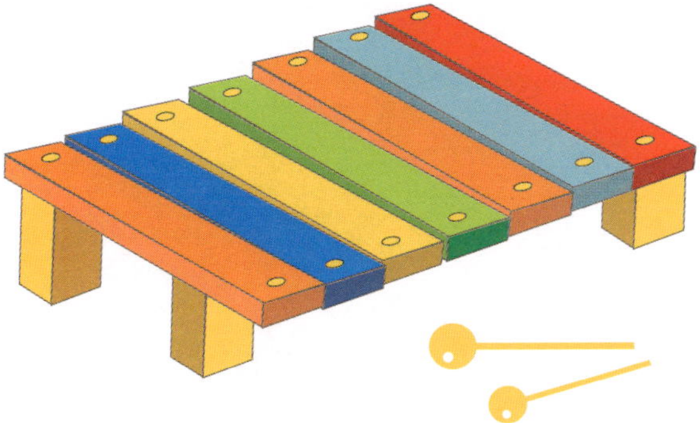

色。口头数数1～5，口手结合能数1～3。听完故事能说出讲的是什么人、什么事。能按指示完成简单任务。

社会发育：与父母分离有恐惧；爱表现自己；对自己的独立性和完成一些技能感到骄傲。 大小便时能叫；白天醒时能坐便盆，很少需要别人帮助。不能区分正确与错误；不愿把东西分给别人，只知道是“我的”。喜欢听故事，看动画片；喜欢大运动的游戏；喜欢看电视。

习惯的培养：这个年龄段的宝宝需要父母的爱和精心的照料，但父母不能溺爱。因为此时是自我意识的萌芽期，如果对他百依百顺，容易使宝宝形成“自我中心”和“侵犯性”行为，不利于良好个性的形成。随着宝宝自我意识和自我能力的增强，他开始由被动者向主动者转化，要不失时机地培养他的独立性，凡是他力所能及、乐意做的事，父母应放手让他去做。宝宝独立完成一件事后父母要表示高兴和鼓励。同时引导他由自我服务，走向为他人服务。

游戏和教育：孩子此时开始有节奏感，喜欢做类似跳舞的活动，所以可以放点音乐，让他伴着音乐起舞，做些跪地或摇摆的动作，边唱边拍手。可以给他铅笔和颜料，鼓励他画画。可以帮孩子把各种立方体、矩形和正方形嵌入玩具或是盒子的正确位置，激发孩子的立体感，同时锻炼细小的肌肉。给他读长一点的、复杂一点的故事和童话；利用故事、音乐磁带培养孩子对音乐的兴趣。

妈咪的私房话

因为这个宝宝，我写了这些文字。
也许，每个妈妈都有过这样的想法。
我经常想，这些文字，如果等宝宝以后长大了再看，
他会想到些什么呢？
他也许会想，哦，原来，我，就是这么长大的……
把你想要写给宝宝的，也写下来吧。
总有一天，他会看到，并且明白。
其实原来，我们想要对那些天使说的，
不过只有三个字：我爱你。

1. 天使

瑞瑞出生第3天，我在病房的报纸上看到大海啸的新闻。

自从怀孕之后，关于孩子的新闻，总是第一时间跃入我的眼帘。所以在铺天盖地的新闻里，我第一眼看见的照片就是沙滩上的一群孩子。这些孩子看起来都美得像天使，但他们躺在那里，像破旧的洋娃娃一样闭着眼睛，再也醒不过来了……

像所有让人悲伤的新闻，这图片压得我喘不过气。然后我转过头，看见了你。

亲爱的，亲爱的瑞瑞，你也许不知道，这一刻，我有多么感激，你在我的身边。这一刻，我抬眼看见我的父亲母亲笑眯眯俯在小床上端详他们的外孙，忽然又觉得，我能这么平安地长大，然后平安地生下你，原来，竟然是奇迹般美好的一件事。

所以，瑞瑞，谢谢你。谢谢你出现在我的生命中。你，就是我的天使。无论这个世界如何沉沦，亲爱的孩子，你们是我们最美的希望。

2. 人生规划

亲爱的宝贝，在你出生之前，我一直以为会是个可以一起说悄悄话的女儿，可当听到你的第一声啼哭，看到你的那一刹那，妈妈的心就全部属于你了。

而为了让你成为全天下女人的梦中情人，妈妈便早早做出以下规划：你，作为一个小小男子汉，从小就应具备为女士服务的精神。

在你满1岁的时候，就要陪我聊天；2岁的时候要学会讲笑话；3岁的时候要唱歌给我听；4岁的时候，要请妈妈跳舞；5岁的时候会陪妈妈去逛街，给妈妈出主意；6岁的时候知道给妈妈倒茶喝；7岁去上学了，要天天对妈妈说“我爱你”；8岁的时候，要给妈妈讲睡前故事；9岁开始，出门要给妈妈拎包……

3. 生日快乐

今天是我的生日。凌晨四点，最爱的那个人瑞瑞在我怀里睡着了，我却如此清醒，

亲爱的，这是我生命里，第一个有你的生日呢，原来，竟然是，这么甜蜜的感觉。还有，你一定要知道的是，妈妈每年过生日，都一定会送花给一个人呢。是的，是妈妈送礼物，给那位特别的人，就是妈妈的妈妈，你的外婆。这可是妈妈最重要的一份生日礼物哦。

这是因为，每个人的生日，都是母亲的受难日啊，这一天，是一个母亲最艰难也是最幸福的一天，是最痛也是最甜蜜的一天，是最漫长也是最飞快的一天……

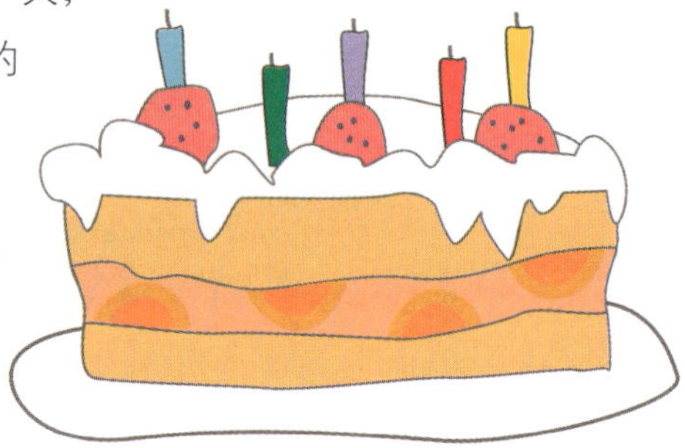

所以亲爱的，等你长大了，记不住妈妈的生日也没太大关系，但是，请一定要记住你自己的生日，要记住在你生日的这一天，对妈妈说一声谢谢。就像现在，妈妈要对外婆说一声：谢谢。妈妈，我爱你。

尽管，妈妈其实更想对你说，谢谢你来到我的生命里。

4. 去玩泥巴吧

亲爱的宝宝，今天下午妈妈看见楼下有好几个小朋友在玩泥巴。

原来泥巴竟然是这么好玩的东西，因为那几个小男生一边尖叫着，一边拿着小铲子小桶，玩得一头一身的泥。

不过，也有个小男生被他的奶奶或者外婆从泥巴堆边拉开了。老人一边拉，一边苦口婆心地劝他：“你瞧两个小哥哥，玩得多脏啊……你要是这样回家，妈妈会打你的……听话，我们现在就回家吧……”

亲爱的宝宝，妈妈看到了那个不能玩泥巴的小男生的表情。如果说他的表情，就像妈妈看着一件自己穿不上的漂亮衣服时的表情一样，你会不会理解？嗯，不理解也没关系的。因为妈妈决定，决不会因为你玩脏了衣服打你……

因为，妈妈相信这个世界上，有很多泥巴，都在等着孩子来玩。这些泥巴堆，沉默而且幸福，并且知道自己比新衣服更为美好。

5.魔镜魔镜告诉我

以前，我是不相信这个世界上存在着魔镜的。如你所知，就算它有，对我来说也全无意义，因为显然，我不可能是这个世界上最美丽的人。甚至连美丽，都还称不上。

但是自从有了瑞瑞，世界就不一样了！

我觉得，子不嫌母丑，固然是一句真理，但这个和母对子的后天培养，还是有莫大关系的！所以，在经历了整整20个月的强化养成之后瑞瑞已经完全胜任了一个魔镜的功能，有时候我进洗手间抹点脂涂点粉，他就会沿着墙根儿跟进来，趴在洗手台边，笑眯眯看我。我问他：“妈妈好看吗？”他都会先歪着头看我一下，然后甜甜地笑起来：“好看！”这还不够，多半他还会忽然就抱住我说：“喜欢妈妈！”啧啧啧，多么尽责的魔镜啊！多么可爱的魔镜啊！多么让人欣喜若狂的魔镜啊！

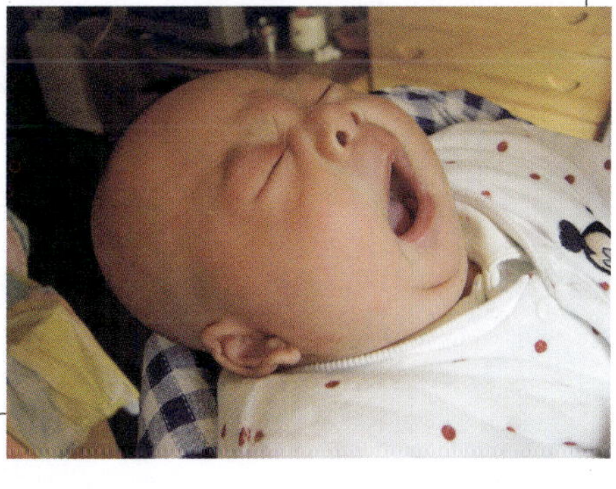

亲爱的宝宝，妈妈恳求你，一定要永远记住，对妈妈来说，你是一面世界上最可爱的魔镜……

6. 亲爱的，我爱你

亲爱的瑞瑞，妈妈最想对你说的就是：我爱你。很多时候，妈妈都会问你：你爱妈妈吗？而你也总是大声地说：爱！

呵呵，宝宝，你还不知道什么叫爱呢。妈妈告诉你一个小秘密。“我爱你”三个字，可是一句魔咒哦。下次在大人对你不高兴的时候，你就和他说一声这三个字，看好了！马上就会不一样！不过你已经掌握得很好了……每次你干了坏事妈妈生气的时候，你总会扑过来说“喜欢妈妈”，于是妈妈实在是很难再生气下去……

基本上，天下没有一个女人能抵挡住这三个字的。尤其是，像宝宝这么帅的帅哥……

但是，记住妈妈说的话啊，不要随便对和你差不多的小女孩说这三个字。她们还不懂。这一招，对老女人如妈妈……比较有效。如果对妈妈的同事们使出这招，嗯，想要礼物的时候，可以使用……

最后要记住的是，这个咒语，如果对每一个人都用的话，很快就失效了。所以，不可以多用哦。当然，对妈妈，请当日常用语一样，经常说吧。

亲爱的，我爱你。很爱很爱你。

7. 情人

亲爱的瑞瑞，今天这个日子有点名堂，它叫情人节。不过对我来说，它还有另一个更重要的意义：到今天为止，你来到这个世界上已经有五十个日夜了。事实上，你的每一天对我来说，都是这样重要。

父亲们总是骄傲地说，女儿是父亲前世的情人。其实在母亲的心中，儿子可是比情人更为重要的存在呢……如果男人不在这一天送礼物给女人，会很惨。但儿子只要一个微笑，便足以让母亲的心融化，一见钟情也不过如此吧。

所以瑞瑞，这一刻，看你躺在那里，睡得这么香，这么甜，妈妈便不由得会感动到落泪。不知道等你了解“情人节”这个词的那时候，会是什么样呢？你的第一朵情人节玫瑰，会送给谁？那时候看到你拿着玫瑰幸福地出门，我的心是甜是酸……

8. 爱就要说出口

和朋友聊到瑞瑞，朋友说：“多好，现在总算有一个男人是百分之百完全属于你的了，而且永不变心……”

“听起来好像很美妙。但是，总有一天，他会谈恋爱的吧？在谈恋爱之前，他会想要独立。在想要独立之前，他会开始叛逆……喂，对方辩友，你好像很早就开始叛逆了吧？”

朋友有点不高兴：“可是，我很爱妈妈。”

“那你有没有说过这句话？母亲节的时候有没有送礼物？平时有没有告诉她，你想她？”

朋友这下真生气了：“哪有大男人说这些的。再说了，如果我送她花，她会嫌我乱花钱。事实上我送她任何东西她都会嫌我多花钱的。”

“可是她心里是会高兴的。”

“她每次都很生气地骂我啊。”

“真的会高兴。”

“你怎么知道！”

“因为我现在也做妈妈了。”

……

我打开记事簿，在“一定要教会瑞瑞的事”里记下重要一项：

瑞瑞，记住哦，爱就一定要说出来，因为所有女人都喜欢听这种话，包括妈妈。备注是：加上鲜花和礼物更好，如果对方嫌你太会花钱，那是因为她也爱你所以心疼你的钱，你就更加要送给她……

9. 我就是你的保险

休了三个月产假，大抵会是我退休前最漫长的一次“假期”吧。虽然这三个月，我的世界也不过只有尿布大小。

每天抱着他，抱着这么个小小小小的人儿，总是忍不住要欢喜赞叹。想起前段时间我到处问人，有没有给宝宝买保险。答案有很多，但其中一个我认为是最有理财头脑的人却说：没买，买什么？我就是儿子的保险。只要我在，他就不需要保险。

现在忽然体会到这句话的意思，看着他在我怀里渐渐睡着，就觉得，吃什么苦都不怕，只要他好，为他好。

虽然，其实也并没有吃到什么苦。但至少这一刻，我觉得我从身到心都作好了，为了他去吃苦去奋斗的准备……

10. 快乐至上

看到报纸上的一张图片：一个小学生拖着自己的书包，那个硕大的书包做成带轮行李箱的样子。图旁戏谑的说明是“商家够英明，看准市场推出带轮书包”。

假如瑞瑞长大，就得拖着这么巨大的书包去上学，我实在是觉得很可怜。记得我们小时候，游戏的时间相当多，画画唱歌都是兴趣小组的事，那时放学了，男生们总是挥着书包奔出去，现在的孩子大概是挥不动的。

想着这些的时候，瑞瑞正在睡觉，全然不知他那张小床外发生的一切故事。他当下的状态就是吃和睡，他的童年尚未真正开始。我不晓得我能不能给他一个放纵的童年。其实我现在就已经在畅想他的未来了：要不要让他学点音乐？他外公画画得不错，不如从小跟着外公一起画……

那到底该怎么办呢，是让他现在快乐，还是让他学习好使以后能快乐？

11. 第一次

养小日日鲜，这是真的。

亲爱的宝宝，你每天都带给我这么多神奇的感觉。而最幸运的是，亲爱的，我可以和你分享这么多的第一次……

你第一次笑。第一次真正地望着我。第一次主动伸手过来抓东西。第一次尝到奶水以外的味道。第一次走路。第一次说话……

因为你，所以我也发现了更多有趣的事。比如，原来，拥抱是这么迷人的感觉。原来，阳光也会令人惊喜。原来，看到月亮也是值得尖叫的事。原来，一种没尝过的味道会带来这么新奇的表情。原来，这个世界上，到处都有令人喊出“哇”的惊喜……

原来，你的第一次，也是我的第一次。你让我重新发现了世界最美丽的细节，而这些细节，我好像也是第一次发现呢。

12. 叫啊叫啊就老了

前段时间，一个在路边发放宣传单的小伙子喊了我一声“阿姨”，这一声阿姨叫得太过突兀，以至于半天才反应过来，看到那小伙子竟然还长得眉清目秀，心头真是一阵火起，一把推开那小伙子手里的传单，加紧了脚步。

小宝说：你怕什么呀，都有人叫你妈了，被人叫声阿姨有什么了不起的。

8个半月大的瑞瑞，开始用学步车。吃中饭的时候，他蹒跚地走过来，站在我的脚下冲着我笑，发出无意识的“妈妈”的声音。他正在长牙，口水流了一地……好吧，老就老吧，为了这粉粉的小人儿，我老去的每一天，都是值得的。

不过，亲爱的宝宝，妈妈一定要告诉你的是：你长大以后，作为一个帅小伙子，过了15岁，如果随便叫人阿姨，是很不应该的……记住，从16岁到36岁之间的女人，统一就叫姐姐好了。因为，对她们来说，阿姨和姐姐的区别，说是地狱与天堂的差距，也是可以的……

13. 成长的代价

有时候，我在根本不愿意应酬的场合，会特别想瑞瑞。不但想，而且羡慕。羡慕他可以喜欢就说喜欢，不喜欢就完全不理你……

这么小的宝宝。他喜欢你就抱你，讨厌你就看着你大哭。反正，作为一个婴儿，他的一切反应都是这么直接坦率。可惜，你会很快长大，有一天你也会学习对自己不喜欢的东西沉默，或者有一天，你会对你不喜欢的东西微笑吧。你会学习隐藏自己的感情，作为一个男孩子也许你会被要求不要老是渴望拥抱和亲吻……有一天，你也会像妈妈一样，以为世界就是这样的，我们都必须妥协吧？

亲爱的宝宝，那个时候，妈妈也许会又心酸又快乐地想，你终于长大了。

真的，也许那就是成长的代价。这么一想，又很庆幸，还好我们都会忘记婴儿时的感觉，否则，一定会很沮丧……

14. 请你抱抱我

据说，人类是有肌肤焦渴症的。

据说，人们总是渴望拥抱，却又吝啬拥抱。

据说，拥抱能给人力量，但我们一直以为，那只是一种传说。

可是这是真的。当宝宝哭泣的时候，有时候，他既不饿，也不渴，既没有尿湿了裤子，也不是因为生病，他只是想让你抱一下而已。

只要一个拥抱，就可以让一个哭泣的婴儿平静下来。

这是多么神奇的事情。

而在这个拥抱里，亲爱的宝宝，其实我得到的温暖，比你更多呢。

所以人们总是这么喜欢拥抱儿童。

因为啊，亲爱的宝宝，这个世界上，只有你们的拥抱是最单纯的。就只是拥抱，只是简单的，想要拥抱一个人，或者被一个人拥抱而已。

15. 超级奶声

我一直觉得婴儿是有自己的语言的，只是我们听不懂。

婴儿的世界是多么神秘啊，别的不说，只说他们发出的那些声音好了，那些柔软的，清亮的，可爱的声音。哭声。笑声。咿呀学语时的奇怪音节。

前几天带瑞瑞去幼教中心玩，碰到一个比瑞瑞大了没几天的小宝宝。两个人看中了同一个玩具，互相交流的时候，一个说：阿嘟嘟嘟，一个讲：啊吧吧吧。于是他们交流就完成了，开始一起玩。这场景让边上的大人看得目瞪口呆：难道说，他们彼此之间，真的是有神秘语言存在？

有没有科学家来做一下这种研究？研究一下传说中神秘的可以与天地间万物顺利沟通的婴儿语言？到时候，世界语直接改成超级奶声，大家都用这种语言来做最直接的交流……这样的话，我们的世界，就会回到婴儿一般纯净可爱吧？

16. 重要的事

亲爱的瑞瑞：

今天是你来到这个世界上的第288天。288并不一个很特别的数字，今天也不是特别的一天。如果我是数学家，也许可以告诉你关于这个数字的有趣故事，告诉你它代表什么，可以被多少数字除尽之类。但我不是，所以瑞瑞，今天其实很平凡，有很平凡的好天气，和这个城市里一到秋天就到处飘散的桂花香气。

而288天真的可以发生很多事情。开始一些爱情，结束一些故事，经过了三个季节，有的人出生，有的人死亡。而对你来说，瑞瑞，每一天都是新的这句话，实在是太对了，因为你每天都会有新的变化。时间就是这样的东西，瑞瑞，时间就是带来变化的东西，是这个世界上最有意思的东西。

最近妈妈经常会听到专家对我说：现在是小孩子成长中最重要的时间。而在未来，在你慢慢长大的过程中，也许你也会听到很多类似这样的话：“现在这段时间对你来说很重要。”不是这样的，瑞瑞，趁着现在，你还没长大，妈妈还有清醒的头脑，还没有被你的成绩、课本、英语……冲昏头脑的时候，妈妈要告诉你，不是这样的。没有哪一天会比另一天更重要，或者，没有哪一天会比另一天更不重要。时间就是这样的东西，它微笑着从我们身边踮着脚尖走过去，看着我们欢乐，悲泣，长大，衰老……重要的一天和不重要的一天都是24小时，相对论也许会起一点作用那个叫爱什么的老头说过，坐在火炉边的1小时显得长，陪着漂亮姑娘的1小时显得短。这个你长大后就知道了。但1小时就是1小时，分针滴滴答答转过一圈，它永远不会再倒回来。

不，妈妈并不是打算告诉你，因为每一分每一秒都很重要，所以你一定要珍惜时间不是的。很多时候，时间就是用来浪费的。去玩。去寻找欢乐。去看星星。数花朵。和朋友唱歌。读小说。发呆。慢慢长大。我们没有多少时间可以用来浪费，再过不了几个288天，你就会发现这一点了。终于有一天你也许会主动放弃浪费时间。妈妈也许会高兴，也许会失落，而现在，妈妈只想说的是，因为你，有你的时间，每一分每一秒，对我而言，都很重要，而且美妙。

17. 麻烦大了

老妹是个中学教师，长得脸嫩，据说学生还是很喜欢她的。半夜里，老姐妹俩促膝谈心，当然，各自促的是接线板，这一头和那一头中间是十几里长的网线。经常谈的话题是老妹的学生。

这一次，说是班上一个女生，忽然起意不想念书了。

老妹在MSN上问我该怎么办。

其实那孩子的班主任不是老妹，而是老妹的好朋友，两个人为这事商量了一下午，也没什么辙，因为据说这孩子发了话：不愿意见到老师上门，也不想听老师电话！于是孩子的妈也就如实为她挡了驾，对老师说：我孩子说不希望看到你们。

当然事情最后是圆满的，那孩子劝出来上学了。

而对我来说，每次听老妹说这种事，唯一想到的就是：如果有一天，瑞少早上起来也说自己不愿意去读书了，我该怎么办？

打一顿？按目前情形，估计我巴掌拍下去的过程里，已经会有好几具年迈的躯体挡在前面了；和他谈心？要是他把门一关根本不理我怎么办？请老师来？要是像这次的小姑娘一样，根本就不愿意，我还要不要请啊……在他面前哭？他会不会嫌我这个老太婆很麻烦啊……难道，真的就像刚刚说过的家长一样，在他面前唯唯诺诺？

我该怎么办啊？

谁来告诉我？

18. 流年

早上离开家的时候，坐在门口穿鞋子，刚刚学着走路的瑞瑞，一路扶着沙发、柜子，慢慢地走到我面前，把手放在我腿上，笑嘻嘻地，低下头把脸贴在我腿上，依偎了好一会儿才抬起头，看我一眼，又转身慢慢地走开了。

我看着裤子上他留下的一小滩口水印子，刹那间，一颗心柔软到像要化掉……

自从有了瑞瑞，我时时惊讶于生命的奇妙。比如这一刹那，是什么驱使这小小的尚不会说话的幼儿走过来，做出如此可爱的举动呢？他到底知不知道自己这些动作的意思呢？他还是第一次在我上班前做出这样的举动，不是为了想要出去玩而走向门口的方向，似乎仅仅就是为了过来和我亲热这么一下。

而我也终于习惯被人称做“瑞妈”。

被人叫“瑞妈”的时候，我有一种微妙的感觉：仿佛又回到很小的时候，去妈妈医院，碰到陌生人问我是谁，我会告诉她，我是谁谁的女儿。现在我也不是别人，而是瑞瑞的妈妈，是瑞瑞的附属，是为他而存在的一个人。我真的，喜欢上这种感觉。

未来到底会是怎么个样子，我实在没法知道。我只晓得光阴飞快，瑞瑞也许很快就会长到不愿意和我亲近的年纪。也许他会不听我的话，不接受我的关爱……

想到这个，竟会没来由的心烦意乱，让我终于明白的却是，原来我的母亲，对我成长中的顽劣，竟是如此宽容。

19. 早安，宝宝

早上五点。

自从有了瑞瑞，这个时间对我来说，就一定是清醒的了。因为，瑞瑞一定会在五点以前醒来，甚至经常四点半就醒了。

小宝宝们好像没有什么过渡期，醒就醒了，绝无赖床的打算。听说有的宝宝会安静地等待爸妈发现他醒过来，之前都会一个人静静躺着啃手指我太不相信有这种宝宝，因为我已经发现，宝宝是这个世界上最耐不住寂寞的生物，无论何时只要落了单，他们就会咿呀出声，提醒大人他们的存在。瑞瑞当然也是，一醒就会发出声音，不是哭闹，只是提醒大家，本少爷已经醒了。

而自从有了瑞瑞，我几乎怀疑自己是天才因为我就是可以因为瑞瑞哼了一声，而迅速清醒过来，仿佛我的心里有一个开关，是只因为瑞瑞而设定的。

那么，亲爱的宝宝，早安。

妈妈的开关，永远为你而存在哦。

20. 亲爱的宝宝

最早，是注意到小S。

其实，小S从刚怀孕开始，就已经充满母性了。彼时这种变化还十分细微，只有做过母亲的人才看得出来。纵然她仍然高歌热舞，搞笑不断，还是可以从她的举手投足间发现一丝丝的温柔与幸福。而现在，自不必说，她的女性魅力，完全不因为当妈妈而削减。

说起来，女人真是神奇的生物，一旦怀孕生子，整个人就会由内而外发生那样明显的改变，无论是生理还是心理，不必刻意，自然发生。我有个同事，是杭州时尚人物的翘楚，和我一样刚当妈不久，当然仍然是翘楚，不过同时兼任杭州儿童时尚界的翘楚了，还乐此不疲，并且数次纳闷道：我以前怎么不知道小孩子的东西这么有趣呢……晕，以前就算是知道，她也不会去关心吧。

我以前和朋友约会，常常要问清，在座的会不会带孩子，如果带，多少有点不爽。现在组织妈咪聚会最起劲的就是我了。很难解释这种心情，好比之前看到有孩子哭闹，会觉得烦，可现在瑞少难得大哭大闹一下，我还会想到说：嗯，宝宝偶尔哭一下不错……这种变化完全发自内心，在你自己都没发现的时候，变化已经完成了。

说回小S。小S每次怀孕生子，都会有大笔收入损失，而她的节目搭档蔡康永也一起有所损失，但从不介意，不仅不介意，还特别因为小S是“我很爱的女生” 所以写专栏给小S的宝宝。专栏名就叫“亲爱的宝宝”。

我觉得，这可真好。有宝宝真好，有朋友真好。

为了一个新生命而损失的财富，应该是这世上最甜蜜的损失。

亲爱的宝宝。这真的很好。

21.手机

我对手机的要求一贯相当之低，只要能打电话就好，后来终于发展了一下，要求可以方便地发短信。当然我并不排斥高性能手机，彩屏啊，照相功能啊，上网啊……如果有人给我这样的手机，我也很高兴。但不保证好好用，总之，能打电话发短信就很OK啦。

但是，有了瑞瑞之后，我对手机的要求陡然高了出于一个母亲的炫耀心理，我在手机里储存了大量瑞瑞的照片，三不五时地换上新的，然后在每一个场合追着人给他们看，完全不在意他们勉强的笑容，并且一定要追问他们：我儿子好看吧？如果他们不点头，我就绝不放弃。所以当我老公又把他的旧手机淘汰给我时，我十分快活这个手机的彩屏非常好，完全能为我们家瑞瑞的照片增光加彩。

后来我追加了一个PSP，重点也是要放瑞瑞的照片。

基本上我后来发现，我周围不少升级当了爹妈的，像照相机啦，摄像机啦，好性能的拍照手机啦都成为他们追求的新玩具，因为，要时刻拍下宝宝的生活点滴啊！

由此可见，宝宝改变生活，这是真的。而且我还有一个新发现哦！如果你很喜欢手机类的电子产品，又很喜欢拍照片，又很喜欢把照片存在那里不时欣赏，那么，就生个孩子吧。据我的观察及经验，有了孩子之后，你的手机里就会充满他的照片。

22. 完美男人

有时候，就算是已经当了妈妈，也会思考这样的问题：在这个世界上，到底是不是存在有完美男人这样一种稀有动物呢？

身而为完美男人，首要的条件当然是能让人一眼喜欢。也许并不一定要很帅，但至少要不难看，干净利落，可庄可谐。

要健康，让人有安全感。开朗，相信世界上是有美好的东西存在的。宽容，热爱生命，尊重别人。

如果是一个完美男人的话，他应该对自己的前途有信心知道自己想要的是什么，知道自己的目标在哪里并且愿意去努力，而一时达不到目标时，也不会沮丧，因为他相信自己。

所谓完美男人，当然要懂得照顾妇孺。也许不一定要做到每次都为女伴开车门，但是推开那种会自动关拢的门时，会为后面的人略扶住门。有耐心，够温柔。

完美男人还应该有好奇心，喜欢动物，会说笑话，热衷旅游，如果还喜欢摄影那可就再好不过了。他们相信朋友是这个世界上最值得珍惜的事物之一，并且相信朋友是一生一世的事情，并不只是用来利用的。

而最重要的是，完美男人一定是有责任心的人，他明白这个世界上有他必须承担，不可逃避的责任……

综上所述，我根本没有遇到过这样的真人。而事实上我一边想一边觉得还有很多条件都没写上，比如应该懂数国语言之类的细节……

天下真的存在这样的男人吗？也许我下半辈子的人生目标就是培养出这么一个完美男人吧。但悲哀的是！瑞瑞如果真的做到了这样，最开心的，应该是另一个女人吧！

到那份上，作为母亲的我，也只有悲壮的骄傲吧……也许，完美的男人，起码会乐意陪母亲逛逛街吧……

后　记

在我的博客点击率终于超过两百万的时候，有个朋友和我说：你知道我最喜欢你博客上的哪句话吗？

喂，我天天写N多博客，我哪知道你喜欢哪句话啊……

他说，是你博客首页上的签名：因为有你，所以满心欢喜。每次看到，就会觉得，心里很高兴呢。

于是我们都笑了。

因为有你，所以，满心欢喜。在我生命里，除了爹妈给的名字，我用过很多ID，配合不同的心情、时间、环境……但我从来没有想到过，终于有一天，是我儿子的名字，给了我全新的身份：瑞妈。这个名字的使用率，甚至快超过我的本名了……

好吧，你知道，我首先，是瑞瑞的妈。然后，才是其他。是一个做媒体的八卦爱好者，是一个写博客的文字爱好者，是一个热爱笑话甚过热爱诗歌的大俗人……

亲爱的宝宝，因为有你，所以满心欢喜。